君たち、中国に勝てるのか

自衛隊最高幹部が語る日米同盟VS.中国

Iwata Kiyofumi
岩田清文

Takei Tomohisa
武居智久

Oue Sadamasa
尾上定正

Kanehara Nobukatsu
兼原信克

クト

はじめに

２０２２（令和４）年12月、岸田文雄内閣は、「国家安全保障戦略」「国家防衛戦略」「防衛力整備計画」を策定した。戦後三四半世紀《さんしはんせいき》を経て、ようやく脅威対抗論に立った真の防衛戦略が見え始めた。

西側が団結していれば中国の統合抑止は可能である。故・安倍晋三総理が掲げた「自由で開かれたインド太平洋構想」は世界を動かした。今、岸田総理は、新防衛三文書の下で、向こう5年間で防衛費を倍増させ、ＮＡＴＯ（北大西洋条約機構）水準のＧＤＰ比２パーセント台を目指す。

台湾有事の暗雲は低く垂れこめている。中国の習近平主席は、長期独裁への道をまっしぐらだ。もはや、諫言《かんげん》する部下を持たない。情報過疎のまま野望に駆られて台湾侵略という大きな過ちを犯す恐れがある。それはまさにウクライナ侵略という歴史的愚行に走ったプーチン露大統領が陥った罠である。

台湾戦争は、朝鮮戦争の比ではない。極貧の北朝鮮は核武装こそしているが、米韓同盟がしっかりとその頭を押さえている。これに対し、中国は世界第2位の経済大国である。巨躯を揺すらせる人民解放軍は、すでに質量共に域内随一の戦力を誇る。中国軍が台湾に侵攻すれば、台湾の真横にある日本は間違いなく巻き込まれる。

中国軍のA2／AD（接近阻止・領域拒否）能力は大きく向上している。世界最強を誇る米空母機動部隊でも、遠方から中国軍を阻止しようとせざるをえない。台湾軍、在日米軍、自衛隊は死力を尽くすであろうが、海上優勢、航空優勢を常に確保することは難しい。台湾戦争においては、日本は、台湾同様、剥《む》き出しの前線国家として中国軍と対峙することになるのである。

今、政治家、メディア、ひいては日本国民に求められているのは太平の眠りからの覚醒である。台湾有事のリアルを想像する力である。

本書は、日本戦略研究フォーラムにおいて2022年8月に行われた「台湾有事シミュレーション」の成果をもとに、自衛隊最高幹部の岩田清文元陸上幕僚長、武居智久元海上幕僚長、尾上定正元航空自衛隊補給本部長と私、兼原信克（元国家安全保障局次長）が忌憚《きたん》なく語りつくしたものである。国家安全保障に関心のある多くの方々のご参考になれば、私たちにとって望外の喜びである。

元内閣官房副長官補兼国家安全保障局次長　兼原信克

君たち、中国に勝てるのか◎目次

装　丁　神長文夫＋柏田幸子
ＤＴＰ　荒川典久
構　成　宇都宮尚志

第1章

台湾有事は予想より早い

アメリカは台湾防衛の準備に入っている

兼原　「毛沢東超え」を狙う習近平中国国家主席の真の野望は台湾併合です。併合をするかしないかではなくて、いつやるかです。すでに香港や南シナ海、インド、尖閣諸島では中国の実力行使が始まっています。

「台湾有事は日本有事」と言われます。安倍晋三元総理が仰って有名になりましたが、これは外交官だった岡崎久彦大使が15年ぐらい前に指摘したものです（『台湾問題は日本問題』）。今やっと、国民の理解を得られてきたと思います。

先島諸島の西端にある与那国島は、台湾から110キロしか離れていません。もし戦争が始まれば、直接、南西諸島は戦闘区域に巻き込まれてしまいます。

日本は日米安全保障条約の第6条で、韓国と台湾の安全保障をアメリカに委ねてきました。日米安保第6条は「日本国の安全に寄与し、並びに極東における国際の平和及び安全の維持に寄与するため、アメリカ合衆国は、その陸軍、空軍及び海軍が日本国において施設及び区域を使用することを許される。」というものです。

戦後の日本は「唇歯《しんし》の関係」にある外郭の旧大日本帝国領、韓国と台湾をアメリカに守ってもらい、その代償としてアメリカに基地を使わせるということを約束しました。フィリピンもそうです。それが北東アジアの地域安全保障の構図です。台湾有事になってアメリカが日本から戦争作戦行動に入るということになれば、日本は逃げられません。戦後も日本と、韓国と、台湾の安全は、最初から一体なのです。それは大日本帝国時代と変わりません。日本は米国とともに台湾戦争を抑止するしかありません。

「アメリカは本当に台湾防衛のための戦争をやるか」と尋ねられたら、私は「必ずやる」と答えます。ウクライナと違い、台湾ははじめからアメリカの勢力圏に入っているからです。台湾は、米中国交回復以来、中国の正統政府としての地位を失い、もはやアメリカの同盟「国」ではありませんが、アメリカは台湾を中国の一部と認めたことはない。国際法上のフィクションとしては「1つの中国」ですが、事実上、2つの中国がある。それを前提にして「台湾に独立させない。中国に武力併合させない」という現状維持方針が、米国の本当の台湾戦略です。日本もそうです。

アメリカには台湾を守るために、防衛兵器が供与できる台湾関係法があります。すでにアメリカは台湾防衛のための準備に入っています。

「1つの中国」とは、現状維持を前提としたアメリカの政策です。それ自体がフィクションですが、中国、台湾の双方がそれを望んだので、「中国は1つ」だということになっています。しかし、現状維持の前提が崩れれば、2つの中国が戦争に入ります。アメリカも台湾海峡の現状維持のために戦争に加わります。

ただし、アメリカは、そうとはっきり言いません。それはアメリカがこれまで採ってきた「曖昧政策」があるからです。「曖昧政策」を採る理由は、はっきり「(台湾防衛のために戦争を)やる」と言ってしまえば、中国が激しく興奮するためです。また、台湾が一気に独立に向けて動き出すのも危険ですから、そのためにわざと「曖昧」にしているのです。

しかし最近は、バイデン大統領は台湾有事になればアメリカは軍事的に関与することを認めて、「自分たちはやる」とちらちら言い始めています。これは大統領の失言ではなく、計算しつくした発言です。中国の台頭が著しいので、3期目に入った習近平主席に対して、アメリカの意図を読み間違えるなというシグナルを送っているのです。もし中国が現状を武力で壊したら、「アメリカは反応するぞ」という意思を示しているわけです。

ペロシ訪台で得をしたのは中国

岩田　2022年8月2日に、ペロシ米下院議長が訪台しました。第3次台湾海峡危機（1995年7月〜96年3月）と、今回のペロシ訪台時における中国の対応を比較すると、よく分かることがあります。第3次危機のときには、アメリカは空母を2隻、台湾海峡に派遣し、それによって中国は黙らざるを得ませんでした。それだけアメリカの軍事力が強かったわけです。

しかし今回は、違った。米空母「ロナルド・レーガン」と、強襲揚陸艦「トリポリ」、「アメリカ」などが台湾近くまで進出しましたが、中国は動じることなく、軍事演習を継続した。米空母の効力が完全に薄れてしまったのです。これは中国の軍事力がアメリカに近づいているということの証左だと思います。中国は自信を持ってきているのです。

第3次危機をきっかけに、中国は2度と米空母を「核心的利益」である台湾海峡に寄せつけないと決意しました。そこから中国のA2／AD（接近阻止・領域拒否）戦略ができたと言われています。今回の対応を見ると、中国の拒否能力が高まっていることが、よく分かったと思います。

ペロシ訪台で得をしたのは中国です。中国の戦闘機が台湾海峡の中間線を越える行動が常態化してしまい、常に台湾が押し込まれている状況になっています。同時に、中国はあらかじめ準備していた白書『台湾問題と新時代の中国統一事業』を発表して、武力行使を放棄しないこと、統一後は中国による強い統制を行うことを明確にしました。

軍事的な圧力を上げた状態を維持できるという観点で、中国は得をしたのです。

一方で最も損をしたのが台湾です。防衛の前哨ラインだった中間線から台湾側に、どんどん中国軍機が入って来るようになったため、台湾軍は疲弊し消耗していく状況になりつつあります。

韓国の新政権の姿勢も見えてきました。尹錫悦《ユンソクヨル》大統領は、ペロシ議長がソウルを訪問しても面会しませんでした。韓国は台湾有事が起きてもアメリカには協力しないし、役に立たないことが、これで分かったと思います。一方、北朝鮮の金正恩総書記は、ペロシ訪台を非難する連帯書簡を習近平国家主席に送っています。台湾有事の際には、北朝鮮は中国の言いなりになるでしょう。

そのような中で、私が一番、問題視しているのが日本政府やメディアの対応です。8月4日、中国はペロシ訪台に反発して行った軍事演習で、与那国島から80キロの地点に1発、および日本最南端の波照間《はてるま》島から110キロの地点を含む日本の排他的経済水域（EEZ）内に5発、弾道ミサイルを撃ち込みました。それにも拘わらず、「日本の領海ではなく、EEZ内だから国際法上は問題ない」と誰も騒ぎませんでした。日本政府が行ったことと言えば、同日夜に外務省の森健良事務次官が、中国の孔鉉佑《こうげんゆう》駐日大使に電話で抗議しただけでした。国家安全保障会議（NSC）を開いたのは、それから8日後の12日です。しかも、10日に内閣改造をした後でわずか20分間だけでした。さらに、岸田文雄総理が習近平主席に懸念を示したのは、約3カ月以上も経った11月17日、ＡＰＥＣ（アジア太平洋経済協力）首脳会合に出席するためタイを訪問した際の日中首脳会談の場でした。

兼原　日本のＥＥＺにミサイルを撃ち込まれても、「これは国際法規の枠内ですから問題はありません」。これは外務省の国際法局の意見がそのまま出てしまったと思われます。安全保障政策上の考慮が欠如しています。ミサイルを撃ち込んだあたりには、飛行機が飛んでいるかもしれない。漁船がいるかもしれない。ＮＳＣで議論すれば、各省からそういう意見が出て来て当たり前なのです。

この意見を統一して、国家の統一意思を示さなければならないのに、今回はそうした声がありませんでした。国際法的に許される行為だということだけで、「そもそも、危ないじゃないか」という反応がなかったのです。子供が遊んでいる自宅前の道を時速１００キロで車が走ったら、いくら公道でも親は怒りますよね。戦後75年間の泰平の中で、国家、国民の安全に関する神経が麻痺している。

一億の国民の安全が政府最高責任者である自分の双肩にかかっている、その巨大な責任が肩の肉にギリギリと食い込んでいる、という実感がない。ＮＳＣは所詮、最高指導者の補佐役です。総理が太陽で、NSCは月です。政治指導者がしっかりしないと、NSCは機能しません。最近は、総理、官房長官、外相、防衛相の主要4大臣が集まるNSCもあまり開かれていません。

岩田　安倍総理なら、必ず安全保障会議をやっていましたよ。

兼原　そう思います。

岩田　EEZ内というよりも、我が国の庭先にミサイルを撃ち込まれた、それも誤って日本の近くに撃ったのではなく、計画的に発射している。はっきり言いますが、日本の政治・行政には本当に危機意識がないと言わざるを得ない。

兼原　ありませんね。ミサイルが当たって国民が死んでいたかもしれないというのに、どうしたんだろうと思います。逆に、もし、われわれが中国大陸から80キロの場所で軍事演習を行って、中国沿岸部の領海外にミサイルを撃ち込んだら、北京がどう反応するかを考えれば、日本がどう反応すべきだったのかがわかります。

岩田　中国は、南シナ海で「サラミ・スライス」戦術によって支配権を広げたように、南西諸島に対しても少しずつ侵入して来ようとしているのです。つまり、南西諸島における最初のサラミの1枚が切られたのだと思います。

中国はミサイルを意図的に撃っています。「いつでもお前たちの領土にミサイルを撃てるぞ」という姿勢を示したのです。しかし、日本政府が本気で怒る対応をしなかったために、中国にその弱腰を完全に見透かされてしまいました。なぜメディアがこれに騒がないのか、その姿勢に対しても私は不思議で仕方がありませんでした。

今の日本は本当の危機意識を持っていません。だから黙って見過ごしてしまうのです。政府やメディアの対応ぶりは、世論をミスリードしてしまう大きな問題があったと思います。

尾上　ミサイルを撃ち込まれた場所こそ、「中国が行っている作戦の正面」だという危機意識を持たないといけない。台湾海峡の通航も、普段からのグレーゾーンの戦いの一部です。戦略的コミュニケーションにせよ、海洋プレゼンス作戦にせよ、全部、グレーゾーンの中でのつばぜり合いです。EEZにミサイルを撃ち込まれたというのは、そのつばぜり合いで、日本がずいぶんと押し込まれているということです。だから日本が押し返さなければならない。その意識が欠落しているのが一番の問題です。

常態化した台湾危機

武居　私は中国の軍事演習に関して、次の４点を指摘したいと思います。

第1点は、ペロシ訪台によって、中国が準備している作戦計画の一部をわれわれが垣間見たということです。

第2点は、習近平氏が自分の地位や共産党の政治的正統性が脅かされる事態になれば、中国は軍事力の行使をためらわないことを証明したことです。

第3点は、ペロシ訪台を好機と考えた中国は、かねてから計画していた台湾海峡周辺の現状変更に、いよいよ乗り出した可能性がある。つまり台湾訪問を引き金にして台湾海峡の中間線を消し去り、中間線の東側で人民解放軍の活動を常態化させる可能性が生まれました。

中国は2018年には台湾との事前協議を経ずに航空路「M503」を設定した過去があるように、機会があれば大陸と台湾の中間線で領海・領空を分離してきた歴史を尊重せず一方的に変更して、それを既得権益と位置づけて、新しい常態を確立しようとしています。おそらく中国は同じ手法を用いて来るでしょう。

言葉を換えれば、中国は台湾有事というエスカレーションの段階を1段も2段も上げたということです。ペロシ議長の台湾訪問が終わってから、中間線を越える飛行が繰り返し行われている事実は、現状変更が行われ、既得権益になったことを示していると思います。今後は、台湾本島を飛び越える弾道ミサイルの発射が行われる可能性も、「ない」とは言えません。

4点目は、台湾周辺の主要な海上交通路に危険区域が設定されて、短期間であったとしても、海洋の自由な通航が妨げられたことです。これは由々しき問題です。我が国のEEZに弾を撃ち込まれた以上に、中国に強く抗議すべきだったのに、それをまったくしないということは問題が大きい。

今後、この海域で軍事演習が繰り返し行われるようになれば何が起きるのか。3つの海峡（台湾海峡、バシー海峡、台湾―与那国海峡）を使用する商船会社は、ここを通ることをためらうようになるでしょうし、ロイズなどの海上保険が急騰することも考えられます。南シナ海は世界経済の中心ですから、地域経済に大きな影響を与えることは目に見えています。

日本は、強大なアメリカの軍事力に守られてきたために、いつの間にか「航行の自由」や「海洋利用の自由」の重要性を忘れてしまったのではないでしょうか。われわれが今、認識すべきは、アメリカの抑止力はもはや完全ではないということです。アメリカの「海洋へゲモニー（覇権）」が沿岸からどんどん遠ざかっていくのを、ペロシ訪台がよく表していたのではないかと思います。

尾上　皆さんの分析にまったく同意します。

少し見方を変えて2つ指摘すると、ペロシ訪台は中国側から見れば、アメリカ側が仕掛けてきた現状変更だと映っています。アメリカは訪台する高官のレベルを徐々に上げていって、今回は大統領継承順位第2位の大物が訪台しました。これを中国側は政治的なアメリカの「サラミ・スライス」戦術だと見ていると思います。反発した中国は軍事演習を行いましたが、ここに政治的なアプローチに対して、軍事的に対抗するというミスマッチが起きています。

ペロシ訪台をプラス・マイナスで評価した場合、政治的にはアメリカのほうがプラスになり、軍事的には中国にプラスになったと思います。中国が台湾周辺の6カ所で行った軍事演習は、台湾を封鎖する予行演習になりました。また、日本に対しては、ミサイルや海上交通路に対する脅威を示すことで、台湾への介入を阻止する意思を明確に示すことになったのです。

米上院外交委員会は2022年9月14日、台湾の防衛力強化を支援する「台湾政策法案」を可決しました。法案は台湾の独立色を強める内容になっていて、中国から見るとアメリカによる現状変更に映ります。これが議会を通過し、バイデン大統領が署名すると一気に緊張のレベルが上がることが懸念されます。

米軍は航空優勢を取らない

尾上　私は最近、アメリカに行って、現場のインド太平洋軍の司令官たちと意見交換してきました。インド太平洋軍は大統領の政治指導や判断をベースにして、どう台湾有事に臨むかという計画を作り、軍事作戦を行います。彼らに聞いてみると、それは非常に慎重な作戦計画であることが分かりました。

インド太平洋空軍が現在持っているのは、ACE（敏捷な戦闘展開＝Agile Combat Employment）という構想です。その概要は、中国のミサイル脅威、すなわち東風21号（DF‐21）や東風26号（DF‐26）、H6爆撃機から発射される巡航ミサイルの射程圏外、つまり安全な地域で活動する戦力と、射程内に入って戦う戦力とを使い分けるというものです。

私たちが前提とする台湾周辺や東シナ海で航空優勢を取り、海上作戦や海兵作戦をサポートする作戦とはまったく異なります。インド太平洋空軍は空中警戒管制機（AWACS）や空中給油機などの重要アセット（資産）を中国のミサイル圏内には入れないのです。

セオリー・オブ・ビクトリー（勝利の方程式）は何かというと、台湾海峡を渡って来る中国軍の艦艇、輸送船を徹底的に叩いて沈め、それによって台湾への着上陸を阻止することです。となると、台湾や場合によって日本は侵攻当初において中国軍からかなりのミサイル攻撃を受けることを想定しておかなければいけません。自衛隊の南西諸島防衛は、アメリカの航空優勢が前提になっていますが、そうならない状況になるわけです。

私は「中国本土の航空基地を叩いて航空優勢を取る必要があるのではないか」と尋ねたのですが、「そうなると中国との本格的な戦争に発展し、核戦争へのエスカレーションを招きかねない」という答えでした。つまり米軍は、中国のミサイル脅威の外から可能な限り限定した作戦で戦うことを前提に作戦計画を作っているのです。アメリカは政治的にどんどん中国にプレッシャーをかけているけれども、軍事的な態勢はリスク回避を重視した慎重なものだということです。

外交というのは、ニコニコ笑いながら大きな棍棒《こんぼう》を持って交渉するというのが、あるべき姿です。しかし、今は大きな声で喧嘩していても、棍棒は小さいという状況になっています。

最近のアメリカの安全保障の専門家の論考を見ていると、4年以内に中国が軍事力を行使するかもしれないという切迫感を露《あら》わにしたものが増えているように思います。エルブリッジ・コルビー元米国防副次官補や、『フォーリン・アフェアーズ』に論文を発表したミシェル・フロノイ元米国防次官は、台湾を防衛する時間はすでになくなりつつあると指摘しています。つまり、４年以内の事態をどうやって抑止するかということが非常に重要になっているのです。

２０２４年から２０２７年に武力行使

兼原　「２０２７年までに中国は軍事行使する」という論調は、中国の国力が早晩、ピークアウトするため、習近平氏は10年も待っていられないというのが根拠だと思います。また、ウクライナ戦争で忙しいアメリカも、ようやく防衛力増強に踏み出そうとする日本も、その時点では台湾有事の準備が整っていないとの読みもあるでしょう。

もともとアメリカには米中の核がパリティ（均衡）になり、中国の経済力がアメリカに追いつき、習近平氏が４期目を終わっても現役を退かず、「終身主席」に切り替わった２０３５年ぐらいに、台湾侵攻があるのではないかという漠然とした相場観がありました。数年後には中国軍が米軍と対等に戦えるようになるというフィリップ・デービッドソン元インド太平洋軍司令官の議会証言もありましたが、それは能力の話であって、実際に台湾に侵攻するという話ではなかった。

ところが最近になってアメリカは、盛んに「侵攻はもっと前だ。数年後かもしれない」と言い始めています。アメリカのインテリジェンス機関は優秀ですから、勘で言っているのではなく、何か具体的なインテリジェンス情報をつかんでいるのではないかと思います。

最近のアメリカには、「中国はやってくるぞ」という切迫感が、かなりあります。

一方、日本には「どうせ戦争は起きない」という長い間の太平の世で麻痺した安全保障感覚がいまだにあります。これまでは日米安保体制にただ乗りして、アメリカの日本再軍備要求をいかに値切るかということにエネルギーを費やしていました。アメリカに対する甘えに浸った鼓腹撃壌《こふくげきじょう》の世界だった。

しかし、本当に台湾で戦争が始まったら一番脆《もろ》いのは日本です。前線国家ですから。戦争を起こさせないために、日ごろから何をどう構えておかなければならないのか、国民の意識を切り替えなければ、いざというときに一気に中国に武力で押し込まれてしまいます。

尾上　中国軍は台湾海峡の中間線を越えてどんどん出てくるようになりました。これに対抗するため、常に即応態勢を強いられる台湾は体力を消耗し、越境に慣れて抵抗を諦めたりするような事態が起きるかもしれません。

さらに習近平氏が、経済成長が鈍化している苦しい状況を乗り切るために、台湾に対する圧力を強めて、3期目の基盤を整えようという意図も働くだろうと思われます。

今後、習近平氏は緊張をさらに高める可能性があると思います。

岩田　私がとくに心配なのが、ミシェル・フロノイ氏の指摘です。フロノイが強調しているのは、２０３０年までにアメリカが中国を抑止できる軍事力を整えることはできないということです。

さらにフロノイ氏はこう指摘しています。

「習近平は台湾への政治的強制と、経済的な取り込みの方法が失敗した場合、軍事的成功の可能性が最も高いと結論づける可能性がある。アメリカが２０３０年までに中国抑止の準備を整えられない中で、習近平は２０２４年から２０２７年の間を（武力行使の）チャンスと見る可能性がある」と。

だから、いざという時に現場の指揮を執る米インド太平洋軍司令部の将軍たちが「本当にこのままで大丈夫なのか」と憂慮しているにも拘わらず、ホワイトハウスやペンタゴン（米国防総省）は、２０３０年以降の事態を考えて、どう対応するかという話をしているようです。認識がずれているのですよ。だからフロノイたちは警鐘を鳴らしているのでしょう。

一方、兼原さんが仰ったように、日本には意識そのものがありません。アメリカはもはや中国を抑止できないと言っているし、習近平氏がその気になったときは、アメリカを頼りにしている日本は慌てふためくだけで、騒ぐことしかできない。こういった現実を、われわれは学ばなければいけないと思います。

兼原　日本は防衛力の増強が急務です。日米で組んで戦えば勝てるという体制を完全に作った上で、外交をうまく使いながら彼我の利益を調整して武力紛争にならないように事態を収めていくのが本来あるべき日本外交の姿です。安倍総理の世界的評価が高いのは、決して反中一本槍ではなく、そのように考えておられたからです。

しかし、今の日本は十分な備えもないまま、台湾有事のリスクにさらされている。このままでは有事に中国に翻弄されかねない。今の日本は行き当たりばったりの博打《ばくち》打ちと同じです。

米軍は強いけれども、このままでは台湾有事の際に国民が動揺して、日本が先に崩れてしまいかねない。日本が崩れれば、日米同盟が崩れて、米軍は戦えなくなります。中国はそれを狙ってくるでしょう。そうなれば台湾戦争は日米の敗北で終わります。米軍、台湾軍、自衛隊の中で一番、有事の準備態勢が弱いのが日本の自衛隊なのです。日本は米国太平洋同盟網の要です。日本の防衛力が弱かったら中国の抑止はできません。迅速な防衛力増強が必要ですし、十分な財源が必要です。防衛費はＧＤＰ（国内総生産）比2パーセントの10兆円でも足りません。

日本は「逆サラミ」戦法を

岩田　防衛力の強化は必須です。同時に、日本が今、できることは「逆サラミ」戦法でしょう。中国がミサイルを撃ち込んだ場所は、完全に日本のEEZです。であれば、中国のEEZ内では日本がどういう訓練をしても国際法上、まったく問題はない。だから、日米共同でこの地域でさまざまな訓練を繰り返せばいいのです。

たとえば陸上自衛隊の水陸機動団をアメリカの強襲揚陸艦に乗せて遊弋《ゆうよく》したり、あるいは南西諸島地域一帯で日米共同統合の訓練を行うべきです。そうした訓練を中国にしっかり見せつけることで、この地域はわれわれの勢力圏内にあるということを明確にする。逆にサラミを切る必要があるのに、今や日本は完全に後手《ごて》に回ってしまっています。

おそらく中国は、もう1枚サラミを切っても、日本は文句を言わないだろうと思っているのではないですか。

2010年に、尖閣沖で中国の漁船が海上保安庁の巡視船に体当たりをしましたね。その漁船の船長を石垣地検が取り調べをしているときに、上海にある日本の企業フジタの4名が拘束され、実質的に人質になるとともに、日本に対する中国からのレアアースの輸出を止められました。その脅しに屈して、日本政府は漁船船長を送り返しました。つまり、日本は脅せばすぐに屈服するという既成事実を中国に見せてしまったのです。

今回も、中国による初めての威圧的な射撃であっても、また与那国島から約80キロという我が国の庭先に対する実弾射撃であっても、さらにEEZ内に対する5発という意図的な射撃であっても、日本は外務次官のクレームだけ。日本は御しやすいということを明確に示してしまいました。

武居　「逆サラミ」で言えば、2022年9月20日に米海軍第7艦隊のミサイル駆逐艦1隻と、カナダ海軍のフリゲート艦1隻が、台湾海峡を一緒に通航しました。オーストラリアもアメリカと一緒に通っています。

中国の『領海及び接続水域法』は外国軍艦の領海内の無害通航を認めていません。この条文自体に問題があるのですが百歩譲って「尊重」したとしても、台湾海峡の中央には国際水域がありますから、中国に気兼ねせず、どの国の軍艦も自由に通航できる。しかし中国外交部は、外国艦艇の通航は台湾海峡の安定を損なう行為であると、その都度抗議をしています。

海上自衛隊も通航することは何も問題ないわけで、カナダやオーストラリアにならってアメリカと一緒に台湾海峡を通るというオプションもあります。これをやらないと、中国は国連海洋法条約を一方的に解釈して「台湾海峡は特別な海峡だ」「中国側に国際法上の権利がある」などの主張を始める可能性が高い。海洋の秩序を律しているのは国際法ですから、中国の主張を目に見える形で否定することは非常に重要です。

台湾海峡、バシー海峡、台湾－与那国海峡の３つの海峡は、南シナ海への船の出入りをコントロールできる地理的に極めて重要な位置にあります。仮に中国が意図的に海峡をコントロールするようになれば、アメリカは、日本だけでなく南シナ海周辺の同盟国への支援ができなくなります。これは絶対に避けなければならない。

兼原　台湾海峡の通航についてはしょっちゅう、ＮＳＣで議論されるのですが、結局、中国を刺激するという理由で潰れてしまいます。やろうと思えば、日米合同でやれば、いつでもできるのですが。

平素から力を見せつけていないと抑止は機能しません。強さを見せないと駄目なのです。ロシアは武門の国なので、いざとなると相手が強国でも刀を抜いて勝負しようとします。一方、中国は王朝国家なので、むしろ弱い国を恫喝《どうかつ》するのが得意です。恫喝され、足を踏みつけられたり、頬を叩かれたりしても大人しく黙っていたら、いじめる方は止まりません。そのうちに屈服したととられて、「お前は俺の子分だ」となっていくのです。朝貢国家に成り下がります。

日本は、中国に対してずっと朝貢を拒否してきた珍しい国です。武力で恫喝されたら、やはり刀の柄《つか》に手を当てて、切り返す覚悟を見せなければいけない。

尖閣諸島周辺ではようやく勢力を増強しつつある日本の海上保安庁が、2倍の勢力を持つ中国海警の公船を押し返しています。後ろを中国軍と自衛隊がびっしりと固めています。一触即発ですが、緊張が高くなった分、中国人活動家の尖閣上陸のような小競《こぜ》り合いはなくなりました。中国が一目置くくらい武装しなければ、中国にいいようにやられてしまいます。

領土問題では、中国は一度、相手方領土の中に入ってしまえば絶対に引きません。どんどん現状が変更され、変更された事態が新しい「現状」になる。それが中国のやり方です。尖閣諸島だって、周辺に公船を張り付けて、半分は自分のものだという顔をし始めています。これまでの外交的な抗議は無意味でした。口先だけでいくら「毅然《きぜん》対応」と言っても、力の裏付けがなければ、中国は鼻で笑います。

25条の見直しは必要

尾上　「逆サラミ」については、政治的なアプローチと軍事的なアプローチとがあります。

日本は絶対に中国と戦争をしてはいけない。ですから、政治的なアプローチによって、テンションを高める方向にサラミ・スライスを切っていったのでは本末転倒です。

安倍元総理が「台湾有事は日本有事。日米同盟の有事だ」と言われましたが、それは台湾を防衛するために、日本が何かをするということではありません。仮に台湾で有事が起きれば、日本の死活的な国益であるシーレーンが危機にさらされ、先島諸島の防衛、国民保護などが難しくなります。だから、攻撃に対する備えをしっかりやらなければいけない。政治的なメッセージとして、これをはっきり打ち出していくべきだと思います。

日本の死活的な利益を守るために、防衛力を強くし、アメリカとの同盟関係を強化する。これを平時からプレゼンスとして示しておくことが重要です。

一方、軍事的には、南西方面の防衛体制をしっかりと整えていくことが必要です。住民を保護するためのシェルターをきちんと整備することも、それ自体は地味ですが、防衛力の強化につながります。

インド太平洋空軍は、日本の各民間空港に戦闘機を分散させて配備し、ミサイルの脅威を避けながら、作戦を継続することを重要視しています。

自衛隊も、アメリカが作戦を実行するための態勢を一緒になって整えていくことが大切です。やはり南西地域の航空優勢あるいは海上優勢を取らなければ、日本の防衛は難しい。そのための共同訓練を、アメリカを引き込んで行い、民間空港が利用できるような仕組みを平素から整えていく必要があります。

もう1つ大事な点は、台湾との関係強化です。現在、民間部門での関係はかなり進んでいますが、政府レベルでもっと情報の共有化を進め、アメリカを通じたインターオペラビリティ（相互運用性）を向上させていく必要があります。中国が何か仕掛けてきたときに日米台で対抗できるカードをたくさん作っておくことが重要です。

武居　２０２１年2月に中国が『海警法』を制定しました。これは過去に中国の海洋法執行機関がやってきた活動を条文化するとともに、将来、海警局の船艇を使ってやろうとしている活動やそのための権限を明記しています。

中国の法律は今できないことまでも規定し、それを目標にして機能や能力を整備していくことはすでに一般化しているのかもしれません。端的な例が先ほど述べた『領海及び接続水域法』（１９９２年）です。その条文には追跡権（right of hot pursuit）が海洋法執行機関にあると書いてあります。しかし、当時の海洋法執行機関は海監や魚政など5つの組織からできており、保有していた船艇は外洋までの追跡には適さない小型船ばかりでした。したがって追跡権を付与しても彼らにはその能力はなく、警察権である追跡権の行使を海軍に頼らざるを得ませんでした。いまでは海洋法執行機関が海警局に統一され、装備も大型化して追跡権が行使できるようになっています。

この『海警法』の第83条は、海上警察機関は中華人民共和国国防法、中華人民共和国人民武装警察法などの法律、軍規並びに中央軍事委員会の命令に従って、防衛作戦及びその他の任務を遂行しなければならない、と規定しています。命令によって、海警局は法執行の任務に加え、海軍と同じ主権擁護の任務に従事するようになるということです。

現在の海警局には武装をした船はそれほど多くありませんが、中国はまず目標を決め、これを達成するために機能や能力を強化してくる。海警局の船艇は必ず武装化して来るでしょう。中国の報道によれば、中国政府は海軍の「056型」コルベット艦20隻からミサイルを取り外し、速力を向上する改修を施して海警局に移管するということです。このコルベットは76ミリ砲を搭載していますから、海警局は20隻の重武装船を一夜にして得ることになります。

それに対抗するには、海上自衛隊と海上保安庁の連携を強化するとともに、海上保安庁の役割を考え直す必要があります。

海上保安庁が純粋に警察機関であり続け、軍事的活動を一切しないことで国際間の問題をエスカレートさせずに解決できるという意見があります。海上保安庁はある意味で「抑止力」になっているという考え方です。これは平時からグレーゾーンの事態については正しいと思います。したがって海上保安庁の規模も能力も増強することには大賛成です。しかし、いま我が国にとって安全保障上の深刻な脅威が中国であること、我が国と中国の海軍力バランスが1対3で質量ともに中国の圧倒的な有利にあり、その差は年々拡大していることを考えると、海上保安庁が警察活動しかできない状態は健全とは言えないと思います。

もし台湾有事や尖閣有事が長期化し、海上自衛隊の艦艇が損傷し、その多くが機能不全の状態となった状況を想像すると、たとえ40ミリ砲、20ミリ砲といえども武装している海上保安庁の船艇が残っているのであれば、政府としては巡視船を海上防衛に投入しようと考えるでしょう。中国を念頭において我が国の安全保障を考えるならば、海上保安庁の役割や権限を見直す必要が出てくると思います。

岩田　海上保安庁法第25条は「この法律のいかなる規定も海上保安庁又はその職員が軍隊として組織され、訓練され、又は軍隊の機能を営むことを認めるものとこれを解釈してはならない」としています。つまり海保が編成も装備も、そして訓練なども軍事的に繋がることを禁止しています。一方で、中国の海警局は18年に人民武装警察部隊（武警）に編入され、軍（中央軍事委員会）の指揮下に置かれた。対峙する相手が軍事と結びついているのに、海保はそのままでいいのかということですよね。

武居　今は海上保安庁のほうが海警局よりも武装的には遙かに力が強いですが、中国は能力を向上させています。先に述べたコルベット艦の移管の例もある。

中国の海警局は世界で一番規模の大きな沿岸警備隊ですから、武装化が進めば、海上保安庁は敵《かな》わなくなる。海警局が海軍に匹敵する能力を持ち、海警法に基づいて海軍の任務を行う状況を考えれば、今の段階で25条を見直す必要があります。ウクライナ戦争を見るように、小国が大国から侵略された場合、小国は国力のすべてを傾けて抵抗する。我が国と中国の間に戦争が起きれば、我が国はウクライナと同じように徹底的に抵抗するでしょう。政府が必要と認めるときには海上保安庁を主権の擁護（防衛活動）に従事させることができるようにしておくべきです。

「海軍になった海警船」

兼原　ご指摘の点は非常に重要です。特に、海上保安庁の船の装備強化をどのようにするかは、直ちに真剣に考えないといけないと思います。海上保安庁は、自衛隊に防衛出動がかかると国土交通大臣の指揮を離れて、防衛大臣の統制下に入り、その命令で動くことになります。そのとき海上保安庁をどう使うか、任務として何をするかという議論を予め十分にしておかないといけません。

25条問題は、私は形式的な問題だと思っています。海上保安庁の巡視船は明らかに海軍艦艇とは武装・装甲が違うので、どう頑張っても軍艦にはなりません。パーティションもないし、船体も軽くて速いアルミ製なので撃たれたら穴が空いて沈んでしまいます。当然ですが、海上保安庁は、防衛大臣統制下に入っても防衛出動はできません。戦時用に訓練された戦闘員もいません。乗っているのは文民である警備隊と救難隊です。海上保安庁の仕事の半分は、パトカーではなく救急車なのです。

たとえば北方（北海道方面）が手薄になるから、そちらに回って警戒監視をやってくれというのであれば私はよいと思います。しかし、実際の戦場に出すとなると無理がある。海警や民兵が出てくる場面では、海上保安庁を統制下に入れたとしても、武力行使はできない。自衛隊法の防衛出動条項は海上保安庁は使えません。ＳＡＴ（特殊急襲部隊）のような任務を行う隊員も、ほんの少ししかいません。海上保安庁を危険な任務に就かせるのであれば、むしろ海上自衛隊が防護するべきです。

台湾有事に際して、具体的運用の中身を詰める必要があります。

武居　それはその通りです。要は、今の法律の中で、海上保安庁と自衛隊をどうやって共同運用していくかをまず考えないといけない。これが第一です。

でも実は海上保安庁の船は海上自衛隊より弱いかというと、決してそうではありません。海上保安庁の船は装甲板が張られていますが、海上自衛隊の船はソマリア沖アデン湾の海賊対処活動に行くまでは装甲板は張られていませんでした。装甲板を張ったのは、ソマリアの海賊が持っている機関銃など重火器の攻撃から防護するためです。ひところは海賊対処活動から戻った船から装甲板を外して次の船に回していたこともあったのですが、いまは取り付けたままにするように改善されています。防弾ガラスが標準装備されるようになったのは「もがみ」型FFM（2022年4月竣工の新型護衛艦）からです。

ミサイル艇はアルミ製ですし、掃海艇は木造か強化プラスチックでできている。汎用型護衛艦の船体構造も近距離でミサイルや砲弾が破裂した場合の破片から防護できる強度で設計されているので、海上保安庁の船艇と強度的には余り差がない。どのような場面にどう使用するかによって、それぞれの船の優劣が決まってきます。何が良くて何が悪いとは言えないと思います。

繰り返しますが、中国海警局の船は中国中央軍事委員会が命令すれば海軍に編入されます。もし中国が海警船を海軍に編入するときは、ジュネーブ条約第一追加議定書43条3項に従って海軍に編入したことを交戦国に通告する義務が生じますが、その手続きが何日もかかるわけではなく、いうなれば瞬時に海警船を海軍艦艇として使うことができます。

たとえば、尖閣有事において海上保安庁と海警局が対峙している場面で、海保巡視船が「海軍になった海警船」に武力を行使すれば、国際法の規定より海保巡視船の行為は戦争行為となって、巡視船が攻撃対象となる可能性があります。海保巡視船の職員が拘束された場合、捕虜の待遇は受けられないという地位的な問題も生じて来る。そういう事態を招かないために、何をするかを考えなければいけない。

防衛予算がなく装甲板を外した

兼原　海上保安庁の船も全部には装甲を施してはいないと思います。２００１年に東シナ海で北朝鮮の不審船を追跡したときに乗船していた北朝鮮の工作員から銃撃されて、船体に穴がたくさん空きました。死人が出なかったのが不思議なくらいです。それで初めて、ブリッジに装甲板を張って、ガラスも防弾ガラスに入れ替えたのです。

尾上　「専守防衛」という縛りがあるので、そうなってしまうのです。航空自衛隊のF

4戦闘機にしても、空中給油装置をわざわざ外したりしていました。装備品は実戦を前提として整えておくのが基本です。しかし、それを敢えてしないというのが、これまでの自衛隊の装備の特色だったわけです。

イラク復興支援で航空自衛隊のC130輸送機を現地に派遣する際は、防弾板や、地対空ミサイルを監視するためのバブルウィンドウなどを慌てて取り付けました。

地対空ミサイルに狙われやすいのは、離着陸のときです。高度の低いところが一番危ないので、着陸するときにはトルネード（竜巻）のような形で降りていきますが、そのための着陸訓練も特別に行いました。つまり、実戦を前提とした運用を考えて、平素から装備を整えて訓練しておかなければ、泥縄式の対応にならざるを得ないということです。

兼原　55年体制下での安保論議は、「イデオロギー論議」でした。ソ連側にシンパシーがあった野党の人たちは、「早く日米同盟は負けてくれ」「ソ連が勝ったほうがいい」と本気で思っていたのです。だから、自衛隊が弱くなる方へ、負ける方へと議論を持っていった。「専守防衛」を盛んに言う人の話を聞いていると、中身は「非武装中立」とあまり変わらない。自衛隊強化や日米同盟強化には頭から反対なのです。困ったことに、自民党議員の一部にも、そんな野党議員に絡まれて国会審議日程を崩されたり、左派の新聞に叩かれたりするのが嫌なので、安保問題を忌避《きひ》して中立を装うかのような傾向があった。特に岸（信介）内閣から中曽根（康弘）内閣までの時代がお花畑だった。鼓腹撃壌型のただ乗り平和主義です。表では激突型安保国会劇場を見せながら、裏では与野党の不思議な馴れ合いが始まった時期です。実にけしからんと思うのですが、その結果が今日の自衛隊であり、日本の安全保障です。

武居　自衛隊がなぜ装甲板を張っていなかったのかというと、船の設計思想や運用構想がそうなっていたからです。船体重量には予算上の制限がありましたから、重量を変えずに大型船の船体を造ろうとすれば船体材料を軽減するニーズが出てきて、薄くても強度のある鋼鈑がどんどん普及していきました。ところが海外に自衛隊が派遣されるようになると、機関砲やＲＰＧ‐７（携行型対戦車ロケット発射機）など重火器で近距離から撃たれる環境で運用するニーズが出てきた。そこで装甲板をとり付けるように設計思想が変わっていったのです。

我が国を取り巻く安全保障環境が変わり、自衛隊を運用する環境が変われば、それに適応するように装備面でも変化していくべきなのですが、装甲板や防弾ガラスを任務が終われば取り外さなければならなかったように、予算の制約から変化への適応がなかなか進まなかった。防衛費の冬の時代はそういう細部にまで影響していたのです。

第2章

君たち、勝てるのか

「戦争になれば自衛隊員は何人死ぬのか」

岩田　安倍晋三元総理は危機意識を明確に持っていた人でした。2021年に月刊『正論』（令和3年9月号）誌上で対談したときに、安倍総理はこう述べていました。

「（安保法制の）法整備をした二〇一五年当時には危機感がありました。オバマ米大統領は『米国は世界の警察官ではない』という発言をしました。世界が『米国一強』から変わる中で、同盟国が同盟国としての役割を果たせなければ、同盟は長続きしない。助け合うことができるというのが信頼関係です。信頼関係のない同盟はただの紙切れになってしまう。生きた同盟にするためには集団的自衛権の行使が絶対的に必要だと我々は考え、平和安全法制を作りました」と。

安倍総理の根本にあるのは中国に対する危機意識と、アメリカとの同盟関係を機能させなければ、日本を守れないという強い思いです。

NSCを作ったのも、「外交と防衛と情報を総合的に一体化して、国の政策を司る判断をする機能が必要だという危機意識があったからです」と講演等で述べています。

その後、NSCの機能を強化するために事務局である国家安全保障局（NSS）の中に経済班が作られ、経済安全保障は一歩、前進したと思います。しかし、情報分野では、ディスインフォメーション対策や戦略的コミュニケーションといった戦略的情報発信が行えるように、もっと国家の組織づくりを強化しなければなりません。

ところが安倍総理が退いてからは、まったく機能強化が進んでいないのです。政治も行政官僚も含めて、危機意識を司るための組織改革が必要だということが分かっていません。これは非常に問題だと思います。


兼原　ジェット機がグライダーに変わったようなイメージがありますよ（笑）。

２０１８（平成30）年に策定された「防衛計画の大綱」（30防衛大綱）を作る際に、準備過程の冒頭で、居並ぶ自衛隊最高幹部を前にして、いきなり安倍総理から「君たち、勝てるのか」と聞かれたことがありました。

さらに「（尖閣を巡り）戦争になれば自衛隊員は何人死ぬのか」と言われたこともありました。戦争が始まれば自衛隊の犠牲は免れません。みんな家族がいる。安倍総理は、自分はその最高責任者だという気持ちがとても強かった。そんな指導者は戦後、鼓腹撃壌となった日本にはいませんでした。おそらく安倍総理が初めてだと思います。麻生太郎元総理にもそういうところがありますが、やはり小さい頃から、激動の大日本帝国時代から日本国政府に奉職してきて、戦後、大宰相となった吉田茂や岸信介が話すことを傍らでよく聞いていたのでしょう。

安倍総理の戦略的な勘は非常に鋭かったと思います。中国が経済成長を遂げて、G

DPが日本の3倍になったのは安倍政権の最中でした。その中国と対等な関係にもっていかなければならない。それは中国と喧嘩をするということではなく、中国と仲良くするためには対等にならなければいけないということです。中国は強い相手を尊敬します。弱いと侮られる。だから屈服するわけにはいかない。もはや、日本単独では絶対に中国に勝てないので、そのためには外交が大切だと分かっていた。そこで西側諸国の結束を強化し、トランプ大統領との個人的な関係を固め、必死になってインドを取り込んだわけです。

こうして「自由で開かれたインド太平洋」戦略が生まれ、クアッド（日米豪印の協力枠組み）が生まれ、安倍政権の外交戦略は恐ろしいほどうまく進みました。安倍総理の名前は、「自由で開かれたインド太平洋」と一緒に世界史に残ります。ドイツのアデナウアーと並び称される吉田茂以来、初めて世界史を動かした日本人だからです。それが一番わかっていないのは日本人かもしれません。親がどれほどえらいかは、子供になかなかわからないのと同じです（笑）。

現在、課題となっているのは、その外交戦略をバックアップする軍事力の脆弱さです。安倍総理はNSCを創設し、集団的自衛権行使を是認する平和安全法制を作りました。しかし、それを実行する防衛力の整備や、アメリカとどこまで具体的な役割分担ができるのか、台湾有事にどう軍事的に対応できるのかといった肝心のところがいまだに抜けているわけです。

安倍総理は在任中に、消費税を５％から８％、８％から10％と２回、引き上げています。１％上げると、税収は２兆円から３兆円増えます。ですから安倍総理の時代は税収を10兆円から15兆円ほど増やし、その間に防衛費を１兆円上げたのです。もっと上げてほしかったと思いますが、こうやって財政の手当てをしながら、防衛力を整備したわけです。今、岸田政権は、これをさらにＮＡＴＯ水準であるＧＤＰ比２パーセントまで急速に増額したいと考えています。それが成し遂げられたら、誰が何と言おうと、戦後史に残る大総理です。

「自由で開かれたインド太平洋」の要である日本ですが、口先だけの外交で終わってはなりません。中国に簡単に台湾に侵攻できると思わせないように、自分自身の防衛力の強化をしっかりやっていかないといけません。

「私の島に手を出すな」

岩田　抑止に対する安倍総理の考えは、力に対して力を示し、中国や北朝鮮に侵略を断念させるというものです。こっちの力さえしっかり示せば、実際に軍事力を使わなくて済むわけです。相手に自分の覚悟を見せることが重要なのです。
安倍総理は習近平国家主席と会談した際、尖閣諸島をめぐってこう言ったそうです。「日本の意志を見誤らないように」と。覚悟の裏には軍事力が重要であることを安倍総理は分かっていました。だから防衛費をずっと上げてきたのです。こういった危機意識や覚悟を持った政治家は希有ですよ。

兼原　私はその場面におりました。安倍総理は習近平主席に「私の島に手を出してはいけない」と本当に言ったのですよ。そして「私の意志を見誤らないように」と続けたのです。台本にはない発言で、みんな驚いていました。習近平主席は黙ったままでしたが、私はちょうどその瞬間、たまたま習近平氏と目が合ってしまいました。習近平氏は静かに微笑していましたが、このまま憑り殺されるかもしれないと思うほど冷たい視線でした（笑）。
プーチンや習近平は、日本が本当に軍事力を構えれば、真面目に交渉に乗ってきます。戦国武将のように力を信奉する人たちだからです。革命は銃口から生まれると信じた人たちです。愛とか自由とか、口でいくら言っても駄目なのです。

尾上　トランプ大統領が登場してきたとき、「自由で開かれたインド太平洋」の旗の下に、先進7カ国（G7）をまとめて、アメリカを繋ぎ止めたのは安倍総理がいたからだと思います。TPP（環太平洋パートナーシップ）にアメリカは加わらないというときも、CPTPP（アメリカを除く11カ国が加盟）という形にして、なんとか繋いでいったわけですよね。そういう実行力なりビジョンを安倍総理は持った政治家だったと思います。

NSCを創設し、日本の危機管理体制や有事に必要な体制をいくつも整備されましたが、中でも私が一番重要だと思うのが平和安全法制です。「存立危機事態」という考え方を導入して、集団的自衛権の限定的な行使に道を開いたことは、すごく意味が大きいと思います。

もしこれがなければ、台湾有事が起きたとき、日本が攻撃されていないのであれば、一切関与することができません。その前段である米軍支援のための法制を根拠に、米軍支援だけを行う形になっていただろうと思います。

平和安全法制が整備されたとき、台湾をめぐる情勢はさほど緊迫しておらず、大きな議論になっていませんでした。そうした意味で、安倍総理は先見の明がすごくあったと思います。

岩田　集団的自衛権に関して、安倍総理は『新しい国へ』（文春新書）で、こう記しています。

「集団的自衛権の行使とは、米国に従属することではなく、対等となることです。それにより、日米同盟をより強固なものとし、結果として抑止力が強化され、自衛隊も米軍も一発の弾も撃つ必要はなくなる」

その認識の下で、安倍総理は平和安全法制を整備したのです。「支持率が10％落ちることも覚悟していた」ともよく仰っていましたが、それくらいの覚悟、危機意識だったのです。

「自由で開かれたインド太平洋」

兼原　吉田茂は、日本の独立後も米軍の駐留を求める旧安保条約を作り、これが日米同盟の原型となりました。３００万の同胞の命を奪い、広島と長崎に原爆を落とし、東京を焼き払い、沖縄を壊滅させた米国と敗戦からわずか7年で同盟を組むという豪胆さは吉田にしかありません。西ドイツのアデナウアーと並び称される所以《ゆえん》です。岸信介はそれをもっとまともな同盟にしたいと考え、日米安保条約を改定して、形の上で対等にしたわけです。

岸総理の改定した日米安保条約には、地域安全保障条項というべき第6条がありま す。先にも述べましたがその内容は、旧大日本帝国領の韓国と台湾、旧米植民地のフィリピンの安全保障はアメリカに任せ、その代わり日本は在日米軍に基地使用を許す、すなわち米軍が日本を後方基地にして日本の外郭ともいうべき韓台比を守るというものでした。日本政府は、いざとなれば米軍が日本の基地を直接戦闘作戦行動のために使用することを認め、そこから米軍が出動する。これが地域安全保障から見た日米安保の姿でした。

日米安保条約第5条は日本有事における日米共同対処を定めていますが、先に示したように第6条には「極東」を守ると書いてあります。守るべき極東の範囲については正式な政府の見解があり、韓国、台湾、フィリピンのことを指すと解釈されています。日本は基地を使わせるだけで自衛隊は日本防衛に徹します。あとはアメリカが全部やってくれる。戦後、こうして韓国の防衛も、台湾の防衛も、大日本帝国政府から米国政府に責任が移ったのです。戦後の日本政府の防衛負担は大きく軽減されました。

これが変わったのは小渕恵三総理のときです。冷戦が終わってソ連の脅威は消滅しました。しかし、北朝鮮が核ミサイル開発を進め、深刻な脅威となりました。再度、朝鮮戦争が起きるかもしれないという状況になりました。当然、アメリカは、1950年の朝鮮戦争の時のように日本が何か手伝ってくれると期待します。小渕総理は自衛隊を戦闘行動には参加させないけれども、後方支援ならば行わせてもよいと決めました。それが『日米防衛協力のための指針』（ガイドライン）を実施するための重要影響事態法（当時は周辺事態法とか、ガイドライン法と呼ばれました）です。幸い、この法律が発動されたことはありません。

その後、小泉純一郎総理は、9・11同時多発テロで数千名の米国人が亡くなった時、テロ対策特別措置法を作って海上自衛隊をインド洋の給油作戦に展開させました。アルカイダの大規模テロは、国連安全保障理事会が国連憲章第7章に基づく「平和への脅威」と認定しました。それは、武力攻撃に相当するから自衛権行使の対象となるということを意味します。NATO軍がアフガニスタンになだれ込みました。同盟国の米国がやられたのですから「いざ鎌倉」です。小泉総理の政治感覚は流石で、ここで傍観はできないと瞬時に判断されました。アフガニスタンのアルカイダを爆撃する作戦に参加している米海軍艦艇等に給油して回ったわけですから、憲法上は後方支援だと言っても、国際通念上は立派に参戦しています。

そして安倍総理が行ったのは、日本の国家的生存が危機に瀕する場合には、後方支援だけではなく、いきなり武力行使を伴う米軍支援に踏み切るということでした。有事直前の状況では、力を見せなければ抑止が効きません。日本の自衛隊が後方支援に出るというよりも、集団的自衛権を行使すると明言した方が、抑止力は格段に上がります。地域安全保障という観点から、日米関係を対等に戻したのです。つまり日米同盟の対等化という祖父岸信介の悲願を、孫の安倍晋三が果たしたと言えるのではないでしょうか。

武居　私は安倍総理が国家安全保障戦略を定めたことが一番、大きかったと思います。それまで字数にしてわずか300字にも満たない「国防の基本方針」の枠の中で、日本の安全保障は行なわれていました。それが56年間も続いてきました。

しかし、安倍総理になって初めて国家の安全保障戦略、国家としての道筋が示されました。政治的妥当性から初めて脱却し、軍事的な合理性、外交上の合理性に基づいた安全保障政策を行う仕組みができたことは、とても意味が大きいと思います。

もう1つは、太平洋とインド洋をつなげた「自由で開かれたインド太平洋」ビジョンです。海上自衛隊も航空自衛隊も、テロ特措法の下で、インド洋で活動していました。「インド洋と太平洋は、安全保障や経済圏も含めて、地域全体の繁栄を実現することを目指す」というビジョンを政策として打ち出したのは、安倍総理が初めてで、我が国の安全保障の地理的空間をインド洋まで広げることになりました。

兼原　インドは建国当初中国と一緒に、非同盟運動で第三世界をリードしようとしました。しかしチベット問題をきっかけに中印は対立し、中国は1962年、インドを侵略したため、インドの対中感情は決定的に悪化します。

10年後の1972年にニクソン訪中、日中の国交正常化が成立すると、インドは対中カウンターバランスの観点からソ連に近づきます。米国と同盟している日本と違い、独立独歩のインドは、中国と対峙するためにロシアを選ばざるを得なかった。特に、先進的な武器の購入で、インドはソ連に依存します。中国が単独の時は人口がインド並みに大きいだけで、共に貧しいから怖くはないが、日米両国がくっついたら中国は強くなるかもしれない。そう考えたインドは、ソ連に近づく他なかったのです。武器は全部、ロシア製となりました。ロシアは逆らい始めた中国との関係上、すり寄ってくるインドの面倒を見たのです。

以来、インドは中国の味方である日本とアメリカを敵だと考えていましたが、それが変わってきたのがこの10年です。米中大国間競争の時代が始まると、懸命なインドは日本とアメリカに寄って来ました。明確に舵を切ったのがモディ首相です。ちょうどそのとき、安倍総理がぐっとインドを引き寄せたのです。

今、世界政治の梁というべき大国間関係が変動しています。冷戦中の西側プラス中国がロシアと対峙し、ロシアにインドがくっついているという構図が崩れました。米中が対立し始め、中国とアメリカが離れる分だけ、インドが日米側ににじり寄ってくるようになりました。ウクライナ戦争でロシアが凋落すれば、この傾向はもっと強くなるでしょう。中国が西側から離れ、インドが西側に向かって進んでくる。ちょうどこの瞬間をとらえて、安倍総理が「新しい友人はインドだ」と言ったから、世界中が反応したのです。トランプ米大統領も、英独仏、ASEAN（東南アジア諸国連合）、オーストラリアもこぞって「次のパートナーはインドだ」と言い始めたのです。なんでもそうですが、一番初めに言ったからこそ、意味が大きかったと思います。安倍総理は、世界政治を動かしているという国際的なイメージが出来上がっていきました。

反撃能力がなければやられ放題

尾上　今回のウクライナでの戦争を見ると、戦い方がすごく変わったと認識しました。それに対応するためには、ドローンや衛星を使った情報収集や作戦支援に、民間の能力をどんどん使っていく必要があります。当然、中国はそれを考えて戦争を仕掛けて来るでしょう。

大きな爆撃機などを製造しても、実戦にはもはや役に立たなくなっているのではないでしょうか。ここ4年以内に、軍が持っているものだけではなくて、民間の持っている能力を、いかに活用していくかを考えなければなりません。今の米軍や国防総省の計画には、そこにあまり力点が置かれていないように思います。

自衛隊の能力強化や体制整備などは、どうしても時間がかかります。時間をかけてもやらなければいけないところと、現有兵力で実施すべき目の前の抑止や戦い方の工夫を分けて取り組まないと、2、3年のうちに作戦しなければならない事態において支障が出てくる可能性があります。

岩田　尾上さんから、ロシアのウクライナ侵略の教訓的な話があったので、私からも8つほど列挙したいと思います。

1つ目は、国連は機能しない、戦争を抑止できないということです。併せて、経済制裁や武器支援を含めて、有志連合のほうが国連よりも頼りになることが明らかになりました。バイデン米大統領が指摘しているように、安全保障理事会常任理事国の見直しは絶対にやるべきだと思います。

2つ目は同盟の重要性です。スウェーデンもフィンランドもNATO（北大西洋条約機構）加盟を進めているくらいですから、同盟の重要性が浮き彫りになりました。日米安保に反対している人たちは「アメリカの戦争に巻き込まれる」と言いますが、それは逆だぞということを私たちは主張していくべきだと思います。

3つ目が政軍関係です。今回のプーチン大統領の最大の誤りは、彼の政策判断に軍事的可能性の観点がきちんと入っていなかったことです。つまり政治的要求が優先され、それ行けどんどんで侵攻してしまい、できないことまで命令して失敗してしまいました。

政治の一手段としての軍事的見解を聞かずに、政治だけが突っ走ったのでは、政治目的は達成できない。軍事を理解せずしてシビリアンコントロールはあり得ないし、政治が軍事を理解して初めて軍隊は使いものになります。もちろん、独裁国家として、部下が大統領を諌《いさ》めることができない体制そのものにも問題はありますが。

4つ目は「力に対しては力だ」ということです。長く続いた外交交渉も、ロシアの侵略を止めることはできず、経済制裁も効果がなく、今もなお戦争は継続している。また、後ほど述べる歴史的な情報戦が作戦を有利にしたことは間違いないのですが、戦争を制止することはできなかった。

さらに、ウクライナは核を持っていないし、反撃能力もありません。ウクライナは1991年のソ連崩壊時には1800発の核弾頭を持っていました。しかし1994年のブダペスト覚書で、米英露から安全を保障する代わりに核を放棄するように要求されて、核弾頭はゼロになってしまいました。結局、核がない中でロシアに核恫喝をされ、反撃力がないために撃たれ放題になりました。

だからウクライナは、米国に対し、反撃力として、高機動ロケット砲システム「ハイマース」を供与してくれと要求しました。「ハイマース」は、300キロと80キロ飛翔する2種のロケット弾がありますが、米国はロシア国内まで届く300キロのロケットは渡さず、80キロのロケットを渡しました。ロシアへの刺激を抑えるためでしょうが、やはり力には力なのです。日本が参考にすべき点は、核抑止力がないと、核で脅されるということ。そして、反撃能力がなければ、やられ放題になるということを学ぶ必要があります。

5つ目が、まさにプーチン大統領が恫喝しているように、核が使われる恐怖の時代に入りました。大型の戦略核を保有している国が、小型の戦術核を使おうとしたとき、だれも止められないことが明らかになりました。中国が台湾侵攻を決断した場合、習近平主席は、台湾と日本を核で脅し、米国との連携を阻止してくる可能性があります。もちろん米国はこれを牽制するでしょう。中国との全面核戦争に陥りたくはないが、台湾、日本を核の脅威から守るため、キューバ危機のケネディ大統領同様、究極の選択を米国は迫られます。中国の核恫喝にいかに対応するかは喫緊の課題です。

6つ目が情報戦の効力です。サイバーや人工衛星で敵の行動を暴く時代に入りました。ウクライナはロシア政府・軍内部のサイバー空間に侵入し、プーチンの命令が記されたメールを確認するとともに、人工衛星でロシア軍の動きを把握し、次にロシア軍がどう出てくるかを分かった上で、ウクライナ軍の作戦計画を作っています。孫子曰く「彼を知り己《おのれ》を知れば百戦殆《あやう》からず」。ウクライナは、ロシアの行動が読めていますから、負けることはないでしょう。

中国は今回のウクライナ戦争をじっくり研究しているでしょう。サイバー力をさらに強化し、日本政府・自衛隊の通信網内部への侵入を企ててくるはずです。加えて、人工衛星で日本上空から、自衛隊の展開や、空港・港湾の発着状況などを常時監視するようになるでしょう。この中国の人工衛星をいかに目潰しするか。そこまで考えなければならない時代に入りました。

７つ目は国民の愛国心、抵抗意識の重要性です。ゼレンスキー大統領が最後まで戦うと訴え、クリチコ・キーウ市長をはじめ多くの市長たちも、「最後まで戦う」と意思表示しました。それに呼応した４０００万人のウクライナ国民も抵抗意識に火が付いたと思います。「国のために必ず戦う」という強い意志ある国が最後は生き残るのです。そういう国に対しては、同盟国ではなくても、応援しようと力を貸してくれます。「自分の国は自分で守る」「天は自ら助くる者を助く」ことの大切さがウクライナの姿を見て、よく分かったと思います。

最後の8つ目は軍事力の重要性です。やはり軍が弱ければ国は亡びてしまう。軍は強くなければならないということが、今回の戦争で鮮明になりました。ロシア軍がこれほど弱かったのかという事実には私も驚きました。その原因は、兵器の質や統合作戦能力などたくさんあると思いますが、報道で流れる映像等を見ていて、特に感じたのは、訓練されていない軍隊だということです。軍事組織は訓練されて初めて使いものになりますが、明らかに練度が低い。訓練されているとはとても思えないほどひどい。これは、我が国もしっかりと受け止める必要があると思います。

独裁国家は過ちを犯す

兼原　岩田さんが挙げた政軍関係ですが、これは国によってまったく違います。軍に対する作戦上の指揮命令の内容は、大統領や総理大臣といった最高指導者と国防大臣、統合幕僚長の3人で決まります。この3人だけに軍事的な命令権がある。軍令の世界です。しかし、民主主義国家では、行政面、軍政面でさまざまな横やりが入る。マスコミも叩き始める。そう簡単に戦争はできません。

しかし独裁国家の場合、プーチンが「戦争をやる」と言ったら誰も諫言できない。だから本当に戦争してしまうのです。長期独裁政権化しつつある習近平の中国でも同じことが起き得ます。怖いのは、そのときに独裁者が誇大妄想に取りつかれて、まともな判断をしない可能性があることです。

もし、独裁者のプーチンがまともな判断をしたなら、ウクライナ侵攻などやっていないと思います。今回、プーチン大統領は「自分が攻め込めばゼレンスキーはすぐに逃げるだろう、サイバー攻撃を仕掛けて、特殊部隊が入っていけばキエフ（キーウ）は直ぐに崩壊する。ウクライナはいただきだ。自分は偉大なるロシアの指導者として歴史に残る。母なるロシア、ロマノフの大地、ロシア生誕の地キエフを取り戻す。次の大統領選挙は楽勝だ」などと思ったにちがいありません。おそらく1週間程度で簡単に終わる特殊作戦だと考えたわけです。

ところが実際に攻め込んでみたら、米軍にバックアップされたウクライナ軍は善戦し、ロシア軍は泥沼に入り込んで、今のような膠着《こうちゃく》状況になってしまいました。プーチンに正しい情報が上がっていなかった。だからプーチンはロシア軍の力を過信した。独裁国家ではそうした間違いが本当に起きるのです。

プーチン大統領の周りは、お追従《ついしょう》しか言わない人間ばかりで、誰もものが言えなかったのでしょう。老いていく習近平国家主席もこれから、そうなるわけです。習近平主席の周りは、王滬寧《おうこねい》氏（中国共産党政治局常務委員）のような絶対服従者ばかりがいて、習近平主席から「どう思うか」と言われたら、「それでいいのではないですか」と答える。今回のウクライナ戦争ではロシア軍はプーチンの決定に驚きながらも、準備不足のまま突っ込んでいかざるを得なかった。この21世紀ですら、独裁者はこんな馬鹿な戦争を起こす。今回、それをつくづく感じました。

ひるがえって、太平の世が長い日本では、多くの総理大臣が軍のことをあまりに知らなすぎます。軍を使うことの怖さを知っていたのはおそらく大日本帝国時代を破局とともに経験した吉田茂総理や岸信介総理、せいぜい海軍にいた中曽根康弘総理ぐらいまでです。また、日本が高度経済成長期に入ったあとの総理は、経済官庁出身者が多い。軍事リテラシーも低かった。視界から軍事が消えた人がいっぱいいます。今日、吉田ドクトリンと銘打たれている「経済成長中心の軽武装主義」は、実はこうした人たちが言い始めたのです。吉田茂は「日本はずっと軽武装でいい」などとは、ひと言も言っていません。戦後復興のために、とりあえず軽武装で経済復興を優先すると考えていただけです。きっと今頃、草葉の陰で泣いています。

霞が関でも、KGB（ソ連国家保安委員会）やソ連軍などを相手にして、本当に仕事をしていたのは防衛庁、外務省、警察、公安調査庁だけで、政治指導部や経済官庁、経済界は安全保障に関心が低く、今でも十分な軍事リテラシーがありません。共産圏の脅威から目を背け、自由主義世界の中にこもり、米国こそが競争相手だという偏った世界観でした。軍事的常識が霞が関の経済官庁エリートに欠落していることは、それ自体が日本の弱点であるということを認識したほうがいいと思います。日本のＥＥＺにミサイルを撃ち込まれても反応しないのは臆病だからではなく、そもそも危機に対する感覚がないからです。

経済は抑止力にならない

武居　ウクライナで分かったことについて、私は次の３つを挙げておきます。

１つ目は、国連加盟国に対する明確な主権の侵害であっても、反対しない国家が約３割存在したことです。これは大きな意味を持っていると思います。

２０２２年4月7日に国連総会が、ロシアの人権理事会理事国の資格を停止する決議を採択しました。93カ国が賛成し可決しましたが、驚いたことに、賛成が全体の48％しかなく、52％の国々は反対か棄権もしくは意思を示しませんでした。つまり、人権や民主主義といった価値観は、国連の場で一致したムーブメントにならないということです。民主主義だけでは国際社会はまとまらない。だから同盟国や友好国が一体となって国際問題を解決する仕組みを作っておく必要がある。

2つ目は、経済力は抑止力にはならないということです。欧州はロシアのエネルギー資源に強く依存しています。ロシアからの輸入割合は天然ガスが45・8％、石炭が24・7％です。ロシアからの輸入が止まれば、経済や社会生活に深刻な打撃を与えることは容易に想像できましたが、それにも拘わらずEUの国々は、ロシアに立ち向かうことを選択した。これは日本と中国の関係を考える上で、少なからぬインパクトがあったと思います。

日本は中国との経済の結びつきが西側諸国の中でいちばん強い。それでも、もし台湾有事なり尖閣有事なりが起きたとき、経済的国益を取るのか、主権と領土の一体性という国益を取るのかという判断を迫られた場合、我が国政府にはEU諸国と同じ決断をしてもらいたいと思います。主権と領土の一体性は至高の国益であって、経済利益よりもはるかに重要です。

3つ目は、合理的に説明できない戦争もあるということです。台湾は世界で唯一無二の半導体王国ですから「台湾の半導体産業を潰すと中国も困るから、習近平国家主席は直接的な軍事侵攻はしないだろう」という見方があります。しかし、われわれが合理的だと思っている判断は、専制主義国や独裁者には通用しないことが、今回のウクライナ戦争で示されました。中国の政治目的が台湾の占領であれば、その目的が達成されるまでエスカレーションしていく可能性は否定できません。

「ロシアと戦争しない」のがアメリカの国益

尾上　私がウクライナ戦争から学ぶべきだと思っていることは、2つあります。

1つは抑止がなぜ機能しなかったのかということを、徹底的に分析する必要があるということです。

2014年のロシアのクリミア侵攻以来、ロシアとウクライナはずっと戦ってきました。2021年10月から同年末にかけて、ロシアがウクライナ国境周辺に大軍を集結させたとき、侵攻が起きることは予測されていました。アメリカはその兆候を捉えて、プーチンは真剣に侵略を考えていることを公開して、何度も警告しました。それでも抑止できなかったのはなぜなのか。それをよく考えておかなければいけないと思います。

私たちは、NATOや米軍の抑止が失敗したのだと考えています。しかし、ある米軍人と話をして驚いたのは、「いや、失敗はしていない。抑止しようとしたかどうかは分からないが、少なくともロシアの侵攻に対しては効果的に対処している」と言われたことでした。そもそも彼らは抑止しようとは考えていなかったのです。

では、アメリカにとって重要な政治目標とは何だったのか。彼の見解では、NATOとロシアとの戦争を回避するということです。バイデン大統領はかなり早い段階で、「NATOは軍事介入しない。第三次世界大戦に入るか、経済制裁を選ぶか、その選択だ」と言っていましたが、それに符合します。

アメリカにとって一番重要な国益は、「ロシアとは戦争をしない」ということです。そのためには、ウクライナがある程度、被害を被ったとしても、やむを得ないという考えがあったのではないかと思います。侵略が始まったとき、ゼレンスキー大統領に欧米は亡命を勧めたという話がありました。しかし、ゼレンスキー大統領はそれを拒否して徹底的に戦ったから今につながっています。そこでもし、亡命していたら、ロシアのキーウへの電撃作戦は成功していたかもしれません。

われわれは抑止力がなぜ働かなかったのかについて、アメリカの戦略的判断、政治判断も含めて考えなければいけない。同じ図式が中国と台湾の関係にも当てはまるはずです。

バイデン大統領は「必ず台湾を防衛する」と言っていますが、「防衛する」とは、どのタイミングで、どういった形で、何を使って行われるのか、具体的な中身が分かりません。必ずしも日本や台湾が考える作戦で抑止し、対処するということと一致していない可能性があります。ここが一番、危険だと思います。

われわれからすれば、インド太平洋空軍の作戦構想では、もっと航空優勢の獲得に力を使ってもらいたいと考えます。しかし結局のところ、作戦構想はバイデン政権の大きな政治目標や国内事情の中で、組み立てられる。その大本をしっかり確認しておくことが決定的に重要だと思います。

2つ目は、やはり航空優勢を取らなければ、地上戦の消耗戦は悲惨な結果になるということです。われわれは最初、ロシアはあれだけの航空戦力を持っているので、ウクライナの防空戦力をしらみつぶしに潰して、ウクライナの空を自由に飛び回るだろうと想定していました。ところが、実際はそうなりませんでした。NATOの情報支援などに支えられ、ウクライナの防空部隊の工夫をした戦い方によって、ロシアはずっと航空優勢を取れない状況が続いています。それが地上戦を長引かせて、消耗戦を続けざるを得なくさせています。

ウクライナは大陸で、台湾や南西諸島は海洋のため、それぞれ作戦環境が異なります。しかし海上でも地上でも作戦を継続していくには、航空優勢がしっかり担保されていなければ消耗戦になってしまうということです。

先述のようにインド太平洋空軍は航空優勢を取るために、中国本土の基地を叩くことを最優先とは考えていないようですから、これは問題であり困ったなと思っています。

アメリカの優先課題は中国

兼原　バイデン大統領が最初から戦いを回避する姿勢だったのは、長いアフガン戦争を終えたばかりで、「米軍をウクライナに派兵すべきでない」というアメリカ国民6～7割の世論に対する配慮があったからです。もう1つは、バイデン政権の国家防衛戦略もトランプ前政権と同じ流れにあり、国益上、一番の優先課題は中国だということです。

ウクライナ戦争中の2022年3月28日、バイデン政権は国家防衛戦略のサマリーを発表しました。その中でも、最も重視するのは中国正面だと言っています。だから米軍をウクライナには出さないのは、米国の基本的国益や安全保障戦略に沿った形なのです。

これは日本にとっては結果的に、よかったと思います。もしウクライナに米軍の主力を持って行かれたら、中国正面は手薄になって、今ごろ日本も台湾も大変なことになっていたでしょう。習近平だってその気になったかもしれません。そもそもNAT

Ｏ圏外のウクライナと、西側に残ったままの台湾は決定的に立ち位置が違います。中国が台湾に侵攻すれば、アメリカはウクライナに対する支援よりももっと積極的になるのは間違いないでしょう。逆に日本はアメリカが確実に介入するように引き込んでいかなければいけないと思います。それが最も有効な対中抑止になります。

武居　ウクライナ戦争が長引けば、台湾にとって不利になります。アメリカや西側諸国は備蓄している弾薬や装備を切り崩してウクライナに提供しています。４月16日の時点でアメリカは国内備蓄の３分の１に当たる約７０００発の対戦車ミサイル「ジャベリン」をウクライナに送っていて、それを取り戻すのには数年かかるとの報道がありました。世界的な半導体の不足と小さくなった米国内の防衛産業基盤の制約から、増産には時間がかかると見積もられています。また、８月24日時点でウクライナは英米仏などから２００門の口径１５５ミリ榴弾砲と最大80万６０００発の砲弾の提供を受け、１日３０００発の砲弾を消耗しているという。米国内にどれほどの備蓄があるか分かりませんが、ウクライナで戦争が続いているうちは装備品の提供は続くでしょうから、その分、台湾有事への備えは少なくなっていきます。

敵が経済的依存関係を武器化

兼原　プーチン大統領は今回、なぜ、あんな馬鹿なことをやったのか。２００８年にロシアがジョージアに侵攻したときも、２０１４年にクリミアを併合したときも、国際社会は反応しなかったので、「これならいける」と思ったのです。

では、なぜＮＡＴＯの拡大は止まっているのに、このタイミングでプーチンは踏み込んだのか。おそらくプーチンの歴史に関する誇大妄想です。ロシアは第二次大戦以降、戦争に負けていないから、彼らの中にはいまだに「大ロシア帝国」とか「ロマノフの大地」という変な自己イメージが壊れずに残っているのです。かつての日本の「神州日本」のようなものです。これは「大中華帝国」を目指し始めた中国も同じです。

無神論で個人の良心や愛や自由を否定する共産主義は、国民的アイデンティティにはなりません。ソ連、ユーゴスラビア、中華人民共和国は、ことごとく「共産主義的人間」からなる民族的アイデンティティの創出に失敗しました。アメリカのような国民国家になれないまま崩壊しました。イデオロギーで国民を団結させることに失敗した彼らは、アイデンティティを求めてナショナリズムに回帰します。「中華五千年の栄光」や「ロマノフの大地」です。そんな妄想が膨れ上がってきます。個人の自由な意思から生まれた同意が統治の正統性を担保するという考え方は中国やロシアには初めから存在しません。ですから習近平もプーチンと同じようになる可能性があると思います。

また、すでにご指摘がありましたが、経済的相互依存関係が深いという理由では、戦争は止まりません。最高指導者は、戦争する時にビジネスマンの損得など考えません。みんな、愚かな計算間違いをして、半年か1年程度で終わると考えて戦争を始めるのです。「その間に50兆円、１００兆円が吹き飛んでも、そんなものは戦争に勝てばいくらでも取り返せる」と考えます。国家の生き死にをかけて戦うのですから、お金の話はどこかに行ってしまいます。経済的な相互依存は戦争のストッパーにはならないのです。むしろ敵が依存関係を武器化してくる。

ロシアとドイツを結ぶ天然ガスパイプラインの「ノルドストリーム」のように相互依存関係は敵方に強圧的手段として使われます。ロシアはドイツをはじめとするＥＵ諸国に天然ガスを供給する「ノルドストリーム」を逆手にとって、対欧ガス供給を絞り、欧州に厭戦気分を煽って団結を分断しようとしています。経済的相互依存関係は、有事には敵方の武器になるのです。

ポスト・プーチンのロシアの行方について、今後、どこまでロシアは落ちていくのか、落ちた後にロシアはどちらを向くのかを見ておくことが日本にとって重要です。

ロシアの次の指導者が狂信的なスラブ・ナショナリストになってしまうのは問題ですが、ひょっとしたら西側に向く可能性もあります。これまでソ連・ロシアでは3人の指導者が西向きになりました。フルシチョフ、ゴルバチョフ、エリツィンです。もし、それがもう一度あるとすれば、われわれはロシアを村八分にし続けるのではなく、国際社会に再度取り込まなければいけません。ただし戦争継続中にプーチンが倒れれば、ショイグ国防相か、ボルトニコフ連邦保安庁長官辺りが暫定的に最高指導者になるかもしれません。そうであれば、対ロ制裁は続けられることになるでしょう。

なお、ロ印関係には目配りが必要です。インドはゆっくりと西側に近づいています。同盟国のいないインドにとってロシアは対中牽制の重要なカードですから、ロシアとはなかなか縁が切れませんが、ロシアが弱体化すればロシアの価値が減り、インドはもっと西側に向いて来ると思います。そうなればおそらく中国は中央アジアを経済的に取りこみに行くと思います。中国がカザフスタンに手を出せば、ロシアを怒らせるでしょう。しかしトカエフ大統領のカザフスタンは、凋落するロシアよりも中国を選ぶかもしれません。中ロ関係がきしみ、インドが西側によって来てくれれば、戦略環境全般は西側に有利になります。

第3章

日米VS.中国　どちらが強いのか

「嘆きの図」

武居　単純に日米対中国では、どちらが強いかということを比較するのは難しいのですが、中国海軍が米海軍よりも量的に上回っていることは、よく指摘されます。2015年に量的にアメリカを上回り、質の面でもどんどん差を詰めています。もちろん弱点はありますが、今後、能力をどんどん向上して来るでしょう。

量的には中国がすでにアメリカを18%ほど上回っています。2025年になると40%、2030年になると50%ぐらい上回ります。加えて新型の駆逐艦や、新型のフリゲート艦を驚くべきスピードで量産しているため、古い船が新しい船に急速に置き換わっていき、質的にも米中はパリティになって行くことは間違いありません。

さらに、アメリカは太平洋と大西洋でそれぞれ艦船を配置しているので、太平洋正面は、数の上ではすでに中国が圧倒的に優位な状況です。

彼我の優劣は、量ばかりでなく、作戦環境、作戦や戦術の適否、隊員の士気や練度、そして実戦経験などによって総合的に決まるのですが、量的には中国海軍が圧倒的に有利です。

岩田　その通りですね。海軍を比較すると、中国の戦闘艦艇が2021年に348隻、アメリカは296隻（米議会調査局）で、すでに中国が抜いています。ミサイルも、短・

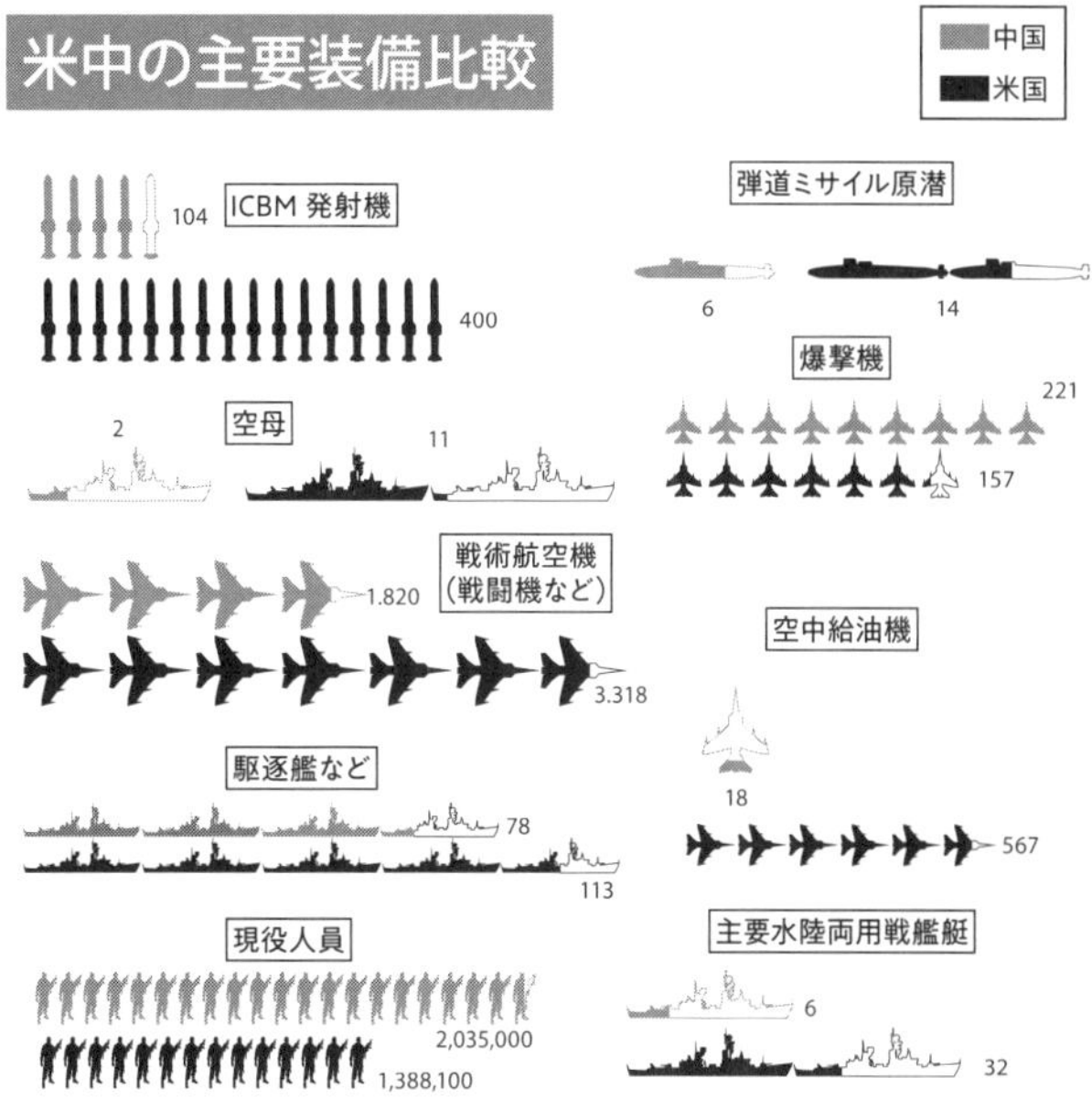

図A　米中の主要装備比較
（「ミリタリーバランス２０２１」を元に作成）

中距離ミサイルの総数で中国は１９００発、アメリカはゼロです。

もちろん、米中全体の主要装備を比較した資料（ミリタリーバランス２０２１年）からは、ＩＣＢＭや弾道ミサイル原潜といった戦略核戦力、および空母や戦闘機の数はアメリカが優っているので、まだ大丈夫と見えるかもしれません（図A参照）。

しかし、「西太平洋における２０２５年時点の米中戦力予測」（図B参照）からは、米軍が極めて不利な状況が読み取れます。この図は米

年時点の米中戦力

西太平洋全体に及ぶとされる
見込まれている

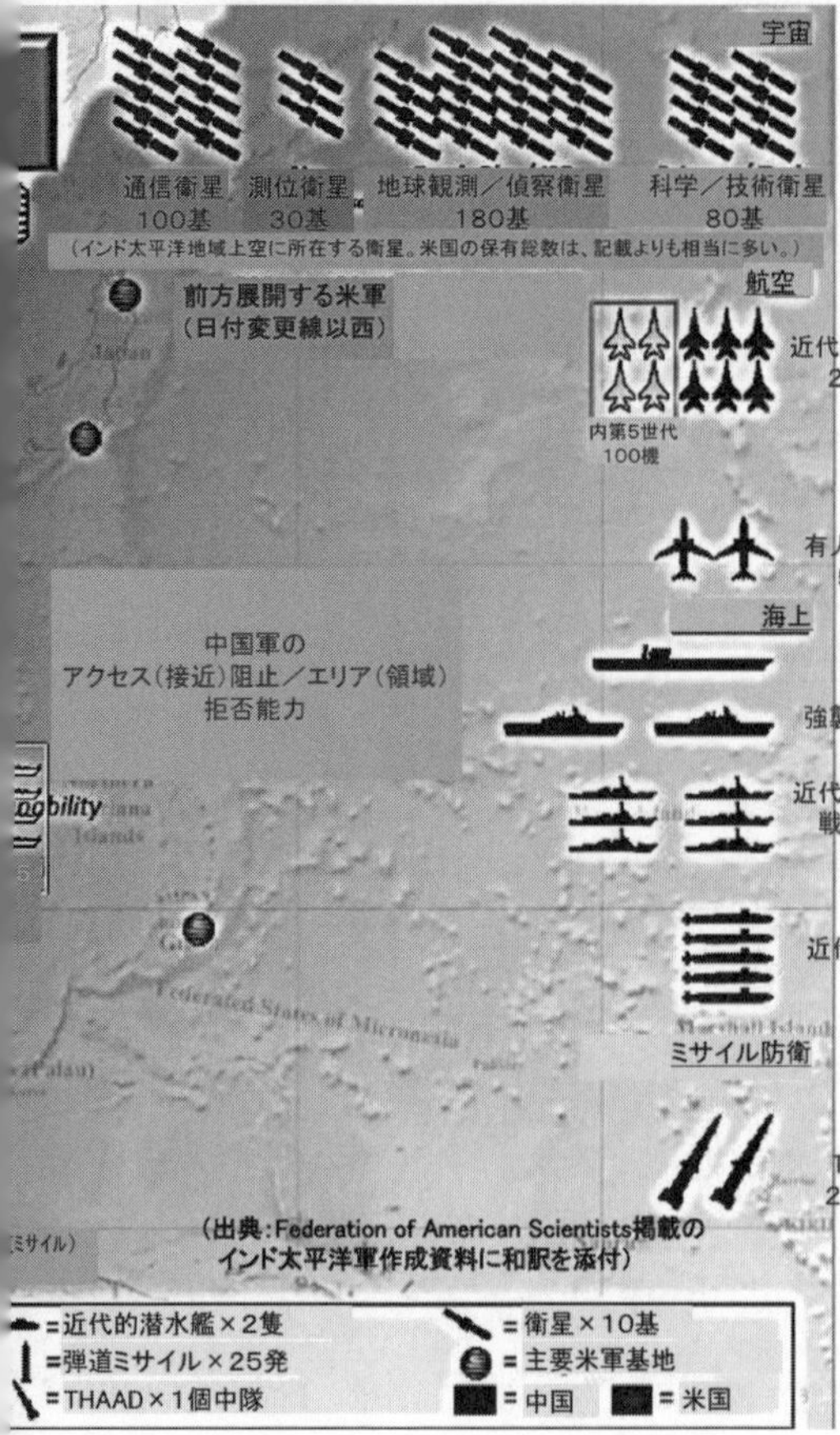

宇宙
通信衛星 100基
測位衛星 30基
地球観測／偵察衛星 180基
科学／技術衛星 80基
（インド太平洋地域上空に所在する衛星。米国の保有総数は、記載よりも相当に多い。）
航空
前方展開する米軍
（日付変更線以西）
近代的戦闘機 250機
内第5世代 100機
有人爆撃機 50機
海上
空母 1隻
強襲揚陸艦 4隻
近代的多目的戦闘艦艇 12隻
近代的潜水艦 10隻
中国軍の
アクセス（接近）阻止／エリア（領域）
拒否能力
ミサイル防衛
THAAD 2個中隊
（出典：Federation of American Scientists掲載の
インド太平洋軍作成資料に和訳を添付）
=近代的潜水艦×2隻
=弾道ミサイル×25発
=THAAD×1個中隊
=衛星×10基
=主要米軍基地
=中国
=米国

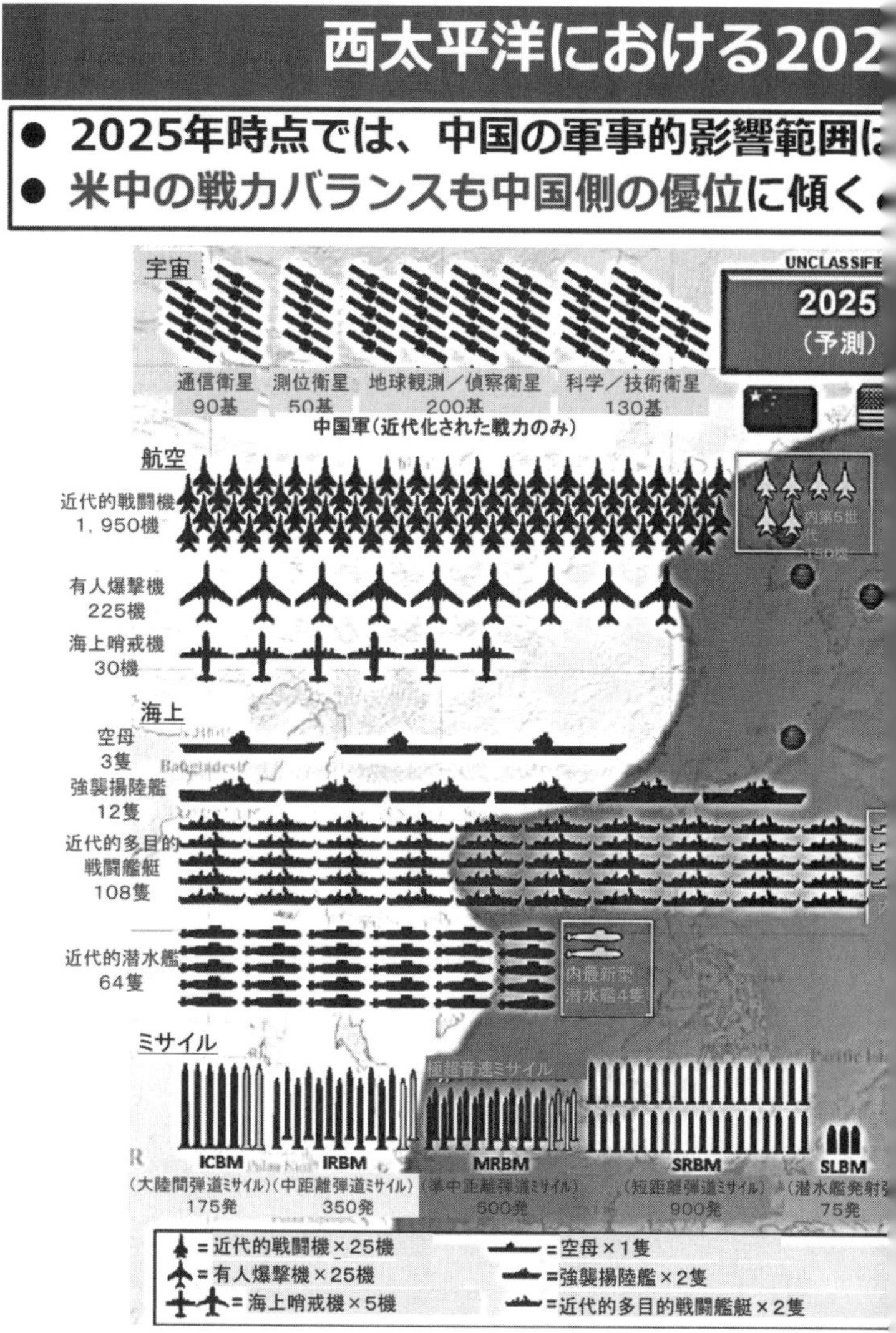

図Ｂ　西太平洋における２０２５年時点の米中戦力（予測）
（「国力としての防衛力を総合的に考える有識者会議」資料より）

インド太平洋軍が作成しているものを和訳したもので、２０２５年時点における中国が保有する戦力と米太平洋軍が運用できる戦力比較です。この時点において、中国は、近代的戦闘機７・８倍、有人爆撃機４・５倍、空母３倍、強襲揚陸艦３倍、近代的多目的戦闘艦艇９倍、近代的潜水艦６・４倍、……中国が全てに圧倒しています。もちろん有事になれば、米軍は中東やヨーロッパ正面などからも軍を太平洋正面に集中してくるでしょうが、ロシアや中東情勢に配慮すれば、全ては集中できない事情もあり、戦いの主体は米インド太平洋軍にならざるを得ないのです。

この数の比較の上に、作戦的視点を加えてみます。ここに悲観的な図があります。アメリカはもはや、台湾海峡や中国本土の敵を攻撃することができないことを示したものです（図C参照）。これはイギリスの『The Economist』に掲載されたもので、アメリカの将軍が米国内での部外講話でも使っているものです。

同心円の真ん中にいるのが空母打撃群です。その中のイージス艦のレーダーは約１１００キロをカバーできます。空母から発進したF‐35が、レーダーのカバーできるぎりぎりの地点から空対艦ミサイルを発射するとします。F‐35搭載の空対艦ミサイルの射程はおよそ３７０キロですから、空母から１４７０キロまでは米軍の勢力圏を維持でき、敵を打撃できます。その範囲が外側の円です。でもそれでは台湾や中国

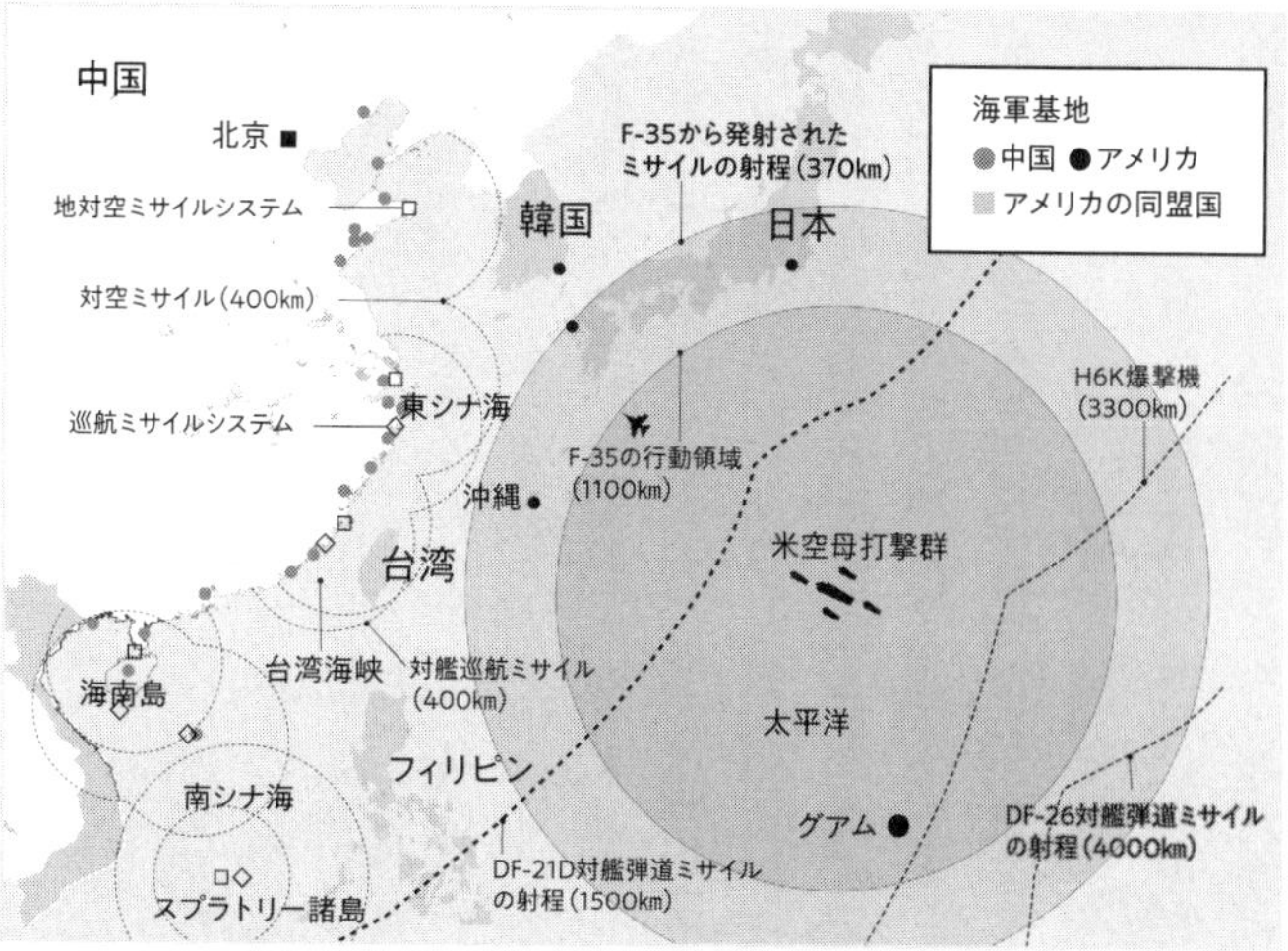

図C　『The Economist』掲載の図を元に作成

本土に届かない。

だったら、空母がもう少し西によればいいだけじゃないか、と思いますが、それでは中国の空母キラー・東風（DF‐21）の射程に入ってしまいます（図Cの大破線部分）。東風の射程は1500キロです。その東風の射程1500キロライン（大破線）から西側の海域に入ると、空母はやられる可能性が高くなるのです。

すなわちこの図は、空母はここから先には行けない、行きたくないという〝嘆きの図〟なのですよ。「この状況でどう戦えばいいのか」と、アメリカの将軍でさえも世論に訴えている状況です。

2025年にはもう危ない

岩田　ここまでは、通常戦力の比較です。核戦力についても見ておかなくてはなりません。2021年に米国防総省は年次報告で「中国は2027年には核弾頭を最大700発保有、2030年までには、少なくとも1000発を保有することを企図している可能性が高い」と述べています。

2022年の「防衛白書」によると、核弾頭数はアメリカが3800発で、そのうちの配備数は1389発です。配備数的には、近い将来、米中の核弾頭数が対等に近くなります。また、その核弾頭を投射する手段としてのICBM（大陸間弾道ミサイル）は、現状アメリカが400基、中国は106基を保有しています。ただし、中国がゴビ砂漠にICBM用の多数の地下サイロを造っている報道もあり、もしこれが事実とすれば、投射手段もパリティになってしまいます。加えて中国の保有している中・準中距離ミサイル（西太平洋が射程）は278基で、アメリカはゼロです（令和4年版防衛白書）。

つまり2025年から2027年頃には、通常戦力でも核戦力でもアメリカは、中国を抑止できない状況になるとみて今後の対応を考えるべきです。中国は小型の戦術核弾頭を今はまだ保有していませんが、ウクライナの状況に学び、いずれ作ってくると思います。

台湾有事が起きれば、中国は恫喝としてその戦術核を使ってくる可能性があります。核を使わせないために、アメリカの核抑止力の信頼性をどうやって強化するべきか。核で恫喝されても、日本国民がパニックにならないように、平素から国民の理解と核に対処する施策を進めて行くほかありません。それが現実の危機なのです。

武居　付け加えると、中国海軍は数年前まで艦艇を数隻ずつ試験的に造り、改良を加えて次の艦艇を作るプロセスを繰り返してきました。その段階はすでに終わって、同一の艦種を量産する段階に移行しています。

現在、中国は3つの艦船を集中的に建造しています。1つは「055型」レンハイ級巡洋艦。2つ目はアーレイ・バーク級に相当する「052D型」旅洋《ルーヤン》Ⅲ級ミサイル駆逐艦。そして3つ目が「054A型」江凱《ジャンカイ》Ⅱ級フリゲートです。これまでとは違って、性能の良いものを次々と集積させているので、脅威は日増しに高まっています。

「目に見えない能力」はアメリカが強い

尾上　どちらが強いかということを考えるとき、どのような形で軍事力を使い、目標を達成できるかという評価基準を考えておかないといけないと思います。単にプラットフォームや装備品の数だけを比べて、こっちが多い、こっちが優秀だということではない。そのほかに、たとえば地理的な環境も重要です。アメリカがもっとも苦労するのは、台湾まで遠いということです。グアムからもハワイからも距離が遠い。また、日本にある在日米軍基地は限られていて、米軍基地すべてがミサイルの直接的な脅威下にあります。

逆に中国からすると、台湾海峡を越えなければ台湾へ着上陸侵攻ができません。海峡を通峡して太平洋に進出できなければ、潜水艦のSLBM、つまり核抑止の第2撃能力が、アメリカ本土に届きません。そういった地理的な作戦環境を踏まえた上で、優劣を考えなければいけないと思います。

もう1つは、目に見える戦力の比較においては圧倒的に中国優位に傾いており、その格差が広がる傾向が当面は続くため、アメリカは非常に切迫感があると思います。

一方で、目に見えない能力、たとえば指揮統制や通信・ネットワーク、電磁波によるジャミング・攻撃・防衛、さらにサイバーなどに関しては、中国がどれくらい強いのかは、はっきりと分かりません。アメリカはその分野を強化し続けています。ウクライナの状況を見ると、アメリカが支援する目に見えない情報協力、指揮統制関係のネットワークの提供などによってウクライナ軍はロシアを打ち負かしつつあります。アメリカはその分野が非常に強い。

中国が作戦目的や政治目的を達成するために、どういう作戦を取ってくるかにもよりますが、当面はアメリカを中心にした日米台の連携がうまくいけば、中国軍を阻止し、拒否することはできると私は思います。

ただし、アメリカが脅威の圏外にいて航空優勢を取らずに、着上陸侵攻、洋上渡航をして来る中国軍の艦艇を撃沈することを「勝利の方程式」にするのであれば、台湾や南西諸島に多大な損害が出ることは避けられないでしょう。

いずれにしても、日本はまず現状を維持すること、中国に現状変更の試みをさせないことを第一目標に置くことです。そして、アメリカに対してそれを阻止、抑止することを最優先した作戦構想を持ってほしいと強く主張していくべきだと思います。それが最終的に台湾統一や、西太平洋における支配権確立という中国の目標を阻止し、現状維持の達成につながると考えます。

距離をどう克服するか

武居　太平洋戦争が始まる前、米海軍は日本とアメリカの間の地理的な距離を「ティラニー・オブ・ディスタンス（距離の専制）」と呼んで、どう克服するか真剣に考えました。そこで、ウォー・ゲームや検証演習を繰り返し行って得た結論から、日本の兵力をアメリカの7割以下に抑える必要があるとした。

簡単に言うと、ハワイから日本までの距離は約3300海里あり、極東に向かって1000海里進出するごとに兵力の1割が減殺《げんさい》されていく。つまり日本海軍と日本近海で決戦するまでに、兵力は7割になっているので、日本海軍の兵力を対米7割以下にしておけば、艦隊同士が決戦することになっても劣勢にならずに戦うことができる。だからワシントン海軍軍縮条約で日本の兵力をアメリカの7割以下に抑えようとしました。

一方、日本側も、いろいろな兵棋演習や研究を繰り返し、7割以上の兵力を持っていれば米海軍との決戦になっても負けることはないと結論した。つまり、日米双方が期せずして同じ結論に至りました。

現在、中国とアメリカの艦艇数を比較すると、中国はアメリカを凌駕しています。地理は変わらぬ現実ですから、太平洋戦争の時代と変わらずにティラニー・オブ・ディスタンスは存在している。加えて、中国には沿岸部から太平洋に向かって張り出した幾重ものミサイルの傘、A2／AD（接近阻止・領域拒否）がありますから、台湾有事に際してどのように部隊を展開し、いかなる戦術を用いて作戦をするのか。レーダー反射面積などが大きくミサイル攻撃の絶好のターゲットになりやすい空母打撃部隊がまとまって行動することはまず考えられない。

その研究の中から、広域に部隊を分散させ、ネットワークでつないで戦闘力を合成して発揮する分散戦闘力（Distributed Lethality）コンセプトや、モザイク戦（少数の大型艦を多数の小型艦艇や無人船に置き換え、意思決定にＡＩ技術を用いるなど、敵の情勢把握に複雑さを課すことで、敵が味方の戦力や戦術を理解して次の行動方針等を導き出そうとする意思決定プロセスを乱す概念）などが生まれてきた。米海軍は被害を極小化して作戦目的を達成する方法を継続して研究しています。海中から航空まで無人システム（ドローン）を多用し、情報収集から通信、攻撃まで多様な役割を受け持たせることも考えているはずです。

日本はアメリカと密接不可分に作戦しなければ中国には対抗できません。尾上さんが指摘された通り、地理的な要因などを考慮して、不足する装備を導入していく。これをこの４年間で行う必要がある。

米軍は同盟国と一緒に戦う

岩田　今、尾上さんが指摘された目に見えない能力の話ですが、少し以前の研究成果があります。台湾紛争のシナリオについて、アメリカのランド研究所が「米中の作戦遂行能力比較」を発表しています（「RAND2015 The U.S.-China Military Scorecard」）。これは２０１５年時点の研究ですが、２０１７年を予測しています。これを見るとアメリカの優位が失われていることが分かります。

サイバー能力についてはアメリカがやや優位です。ところが宇宙能力については、中国と拮抗しています。これは17年の予測で終わっているので、現在では中国の能力がどれほど伸びているか分かりません。中国は、２０４９年までに「制天権」を取れとの習近平主席の指示が２０１７年に出ています。米国も２０１９年に宇宙軍を創設し対抗しようとしていますが、この力関係の変化も見ておく必要があると思います。指揮能力を含め、宇宙・サイバー・電磁波戦能力に関しても、中国が能力を高めている部分を日米がどう抑えるかといったことが重要になります。

これまで紹介したデータは、静的な比較が主体です。では、地形や距離などを考慮し、米軍の弱点を補いながら、動的、作戦的にどのように戦うか。

アメリカは現在、「スタンド・イン」「スタンド・アウト」という作戦構想の中で、新たな戦い方を考えています。「スタンド・イン」は、第1列島線（日本、台湾、フィリピン）の中に入って、同盟国と一緒に戦います。海兵隊、陸軍が主体となります。「スタンド・アウト」というのは第1列島線の東側、中国から攻撃を受けないアメリカの勢力圏の中に位置し、「スタンド・イン」部隊が作為した有利な条件下で、中国軍に打撃を加えます。これは海軍、空軍が主体です。

この考えを受け、スタンド・インの役割を担う米海兵隊のバーガー総司令官が2020年3月に米海兵隊『フォースデザイン（戦力設計）2030』を発出し、2030年を目標にした改革の構想を明示しました。バーガー総司令官はこの中で、「遠征前方基地作戦：EABO（Expeditionary Advanced Base Operation）」構想を打ち出しました。これは中国を念頭においた長距離打撃力の向上に対応し、米海軍と連携して制海権を確保し中国の海洋進出を拒否するというもので、この具体化が現在進んでいます。

新たな海兵隊は、中国軍の各種火力の射程圏内にある第1列島線に踏みとどまる「圏内部隊（Stand-In Force）」となり、対艦火力という「長い槍」を備え、米海軍との密接な協力の下、中国軍の海洋進出を拒否する態勢を確立する。同時に他軍種も含めた米統合軍全体の前方の「目」として、各種ドローンも活用しつつ中国が何をしているのか全て暴露し、必要があれば統合火力発揮のための目標も収集することを重視しています。

もう少し具体的に説明すれば、次のようなものです。

①軍事衝突が間近に迫った段階で、「海兵沿岸連隊（1800〜2000名）」が、小規模なチームに分かれ、揚陸艇で南シナ海や東シナ海に点在する島に上陸する。そして空中・海上・水面下で運用可能なセンサー付きドローンを駆使して、中国艦隊の行動を情報収集し、米海軍および統合軍に報告して上層部の作戦指導に反映させる。

②中国海軍が海峡を越えて太平洋での戦闘に乗り出そうとする段階においては、50〜100人程度で組んだチームが、中国艦隊に対艦ミサイルを発射する。

③ミサイルを発射したチームは、中国の報復攻撃から生き残るため、遠隔操縦できる次世代の水陸両用艇を駆使し、48〜72時間ごとに島から島へと移動して情報収集と対艦戦闘を継続する。

海兵隊はそれを同盟国と一緒に行いたいと考えています。日米共同でどのように進めて行くか、これから考えていかなければなりません。まさに中国が優位になりつつある中で、地形を味方につけて不利な点をいかに克服していくかが求められているのです。

「スタンド・イン」と「スタンド・アウト」

尾上　日本にある戦力、すなわち在日米軍は明らかに「スタンド・イン」です。インド太平洋軍の考え方を聞くと、グアムやハワイに部隊を撤収させることはせずに日本に置いておいて、「スタンド・イン・フォース（敵の脅威下の部隊）」として使うということでした。

これは安心材料でしたが、実はグアムはＤＦ‐26の脅威下に入っています。したがって彼らの認識からすると、これも「スタンド・イン」なのです。アメリカは第２列島線（伊豆・小笠原諸島からグアムなどマリアナ諸島）も「スタンド・イン」の脅威下に入っているという認識です。だからスタンド・イン・フォースが攻撃を受けるリスクを減らしながら、いかに中国のＡ２／ＡＤを突破するかが、彼らの今の一番の悩みどころです。

アメリカの日本に対する期待はものすごく大きいものがあります。空軍の場合だと航空基地あるいは燃料補給や武器弾薬を提供する根拠基地がなければ作戦が実行できません。それを提供できる位置にあるのは日本とフィリピンだけです。

中国のミサイルや爆弾の脅威、被害を減らすためには、スタンド・イン戦力を今ある在日米軍基地、三沢、横田、嘉手納だけではなく、各自衛隊基地や民間の空港に分散配置する必要があります。作戦を終えた戦闘機が速やかに燃料や武器弾薬の補給を行い、再び出撃し、今度は違うところに着陸して速やかに次の出撃準備を整える。そういうサイクルを繰り返していかなければいけません。

日本の空港、民間空港を含めて、作戦に使えるインフラに可能な限り多くアクセスできることが必要不可欠の条件になります。それをアメリカは日本に期待しています。

アメリカは、台湾を作戦にどうカウントしていいのか、実は分からないようです。アメリカと台湾との共同作戦というものは、まだきちんとできていません。日本とアメリカの間でも、確固とした共同作戦計画は作業中だと思います。日本と台湾の間には、そのような話をする枠組みすらありませんから、明らかに共同作戦計画はありません。つまり中国から見れば、日米台は必ずしも1つにまとまって相手にしなければならない敵対勢力ではないわけです。個別に、いろいろな形でこれを分断して対応すればいいと考えているはずです。

アメリカは同盟国と一緒になって作戦を行わなければ、遠く離れたスタンド・アウトの戦力だけでは戦えないと認識しています。DF‐21に改良を加えて射程が延びる可能性はもちろんあります。また、すでにグアムを射程に入れているDF‐26も射程が延びる可能性があります。従って日米は、中国のミサイル脅威圏内でいかに戦力を保全し、強靭に戦闘を展開するか、そのための態勢を整えるか、待ったなしで認識を共有する必要があります。

岩田　そのＤＦ‐21Ｄ、いわゆる「空母キラー」、そしてＤＦ‐26Ｂ、いわゆる「グアムキラー」は動いている空母を攻撃できるとされています。報道によれば、中国軍が南シナ海で２０２０年８月に行った対艦弾道ミサイルの発射実験の際、航行中の船を標的にしていたことを、米軍高官が認め、またミサイル２発が船に命中したとの複数の証言もあるとのこと。発射実験は８月26日、海南省とパラセル（西沙）諸島の中間の海域で行われ、無人航行させていた古い商船を標的に、内陸部の青海省から「東風（ＤＦ）26Ｂ」（射程約４０００キロ）１発が先に発射。数分後、東部の浙江省から「ＤＦ‐21Ｄ」（射程１５００キロ超）１発が発射され、ミサイル２発は、ほぼ同時に船を直撃したとされます。米インド太平洋軍のデービッドソン司令官（当時）は、２０２０年11月下旬、オンライン形式で開かれた安全保障関連の公開フォーラムで、そのミサイルが命中したかどうかはコメントしませんでしたが、「中国軍は動く標的に向けて対艦弾道ミサイルをテストした」と認めています。

武居　ただし、そのためには目標の捜索をしなければいけない。

尾上　衛星や偵察機などを使って「あそこに空母がいるぞ、そこだ」と確認してから攻撃しないと、撃っても当たりませんからね。

岩田　そうです。この射撃が事実とすれば、中国軍が、船の位置を捕捉する偵察衛星などの目標情報収集力や、ミサイルの命中精度が向上していることを示していますが、西沙諸島沖は中国の近海ですから、数千キロ離れた太平洋上においても可能となる衛星情報力や、偵察情報をミサイルにつなげるネットワーク力を保有しているかどうかは不明ですね。

ただ、もし空母1隻がやられてしまえば、乗員約5000人、F-35戦闘機50～60機を一気に失ってしまいます。それはやっぱり怖い。

武居　だから太平洋の島々は大事なのです。島を基地にして、グローバルホークのような高高度長時間滞空型の無人航空機を飛ばせば、西太平洋一帯のISR（警戒監視）ができます。

尾上　逆に中国がISR能力を持つと、アメリカの空母打撃群の動きが把握されてしまうわけですね。

「アメリカよりもまだ弱い」とは言えない

岩田　米国が中国を抑止できない状況になりつつある中、当事者としての台湾軍の力がどうなのか、中国との比較で確認しておく必要があると思います。

中台国防費比較を総数的に見ると、中国の軍事費は台湾の約17倍。第4・5世代戦闘機は中国が1270機保有しており、台湾の約4倍、空母を含む駆逐艦とフリゲートの数も約90隻と台湾の約3倍、となっており、大きな差があります（令和4年版「防衛白書」）。

開戦後早い段階で、台湾海峡を渡って攻撃してくる可能性のある戦力としては、中国陸軍の5～15個攻撃ヘリ旅団、7個空挺旅団。

海軍は、5～8海兵旅団、中型揚陸艦・水陸両用輸送ドックを57隻保有しており、戦車など戦闘車両を搭載して海峡を渡って来ます。最新の075型という強襲揚陸艦（現状3隻）やこれらの揚陸艦による強襲揚陸に続いて、占領した港を使って、軍民両用のRORO船（フェリー）を活用して陸軍戦力を上陸させてくるでしょう。

ただし、強襲揚陸艦・輸送機の数からすると、開戦当初、同時侵攻で一挙に台湾に入って来ることができるのは、1個師団強となるでしょう（「中国軍事力報告2021」米国防総省等）。

尾上　実際にどっちが強いか、やってみなければ分かりませんが、中国が「俺たちが強い」と信じてしまってはまずいのです。中国も先ほどの図Cと同じものを使っていて、「ほら見ろ。アメリカの空母など、すぐに叩き潰せるぞ」という評価をしています。中国は習近平以下、A2／AD戦略を一貫して強化してきました。だからものすごく自信をつけています。

中国軍は、これだけ軍事費を投入して、こんなに強くなったと盛んにアピールしているので、「アメリカよりもまだ弱い」などとは絶対に言えないはずです。台湾を取れと言われたらいつでも取れると、本心から思っています。

そういう自分たちの強さや戦力への過信から、戦争を始める誤算を、習近平が犯す可能性があると思うのです。これを打ち消さなければいけません。

米海軍の提督が、「もうA2／ADという言葉を使うな」と言ったという話があります。A2／ADが強化されていることばかり強調されると、米軍内部に敗北主義の空気が広がってしまうからです。「A2／ADの中に入ってしまうと危ないから、やめておこう」といった雰囲気になってしまいます。「そんなことはない、あくまで勝てるのだ」と米軍が確信して、その意志を見せつけていかないと、抑止は効きません。

だから、「中国に我々の断固とした意志を示す訓練や活動を一緒にどんどんやりましょう」と、日本から働きかけていかないといけないと思います。

そして大事なのは、台湾の人たちがどれだけ自分たちの現状維持に対して自信を持てるか、です。「いざというときにはアメリカが必ず支援してくれる。日本もバックアップしてくれる」という確信があれば、台湾の人たちも「頑張ってやろう」という気持ちになる。しかし、米軍が来るかどうか分からないとなれば、戦う前に白旗を上げてしまうかもしれません。中国にとっては、戦わずして勝つのが一番いい方法です。それを狙って中国はさまざまなことを仕掛けてきているのです。

ペロシ訪台の後に行った軍事演習については、中国が台湾に対する軍事的手段のレベルを1段階上げたことを意味します。今こそ日米台が一緒になって、中国に対抗する方策を真剣に考える必要があると思います。

武居　7月19日にペロシ議長が訪台するニュースが流れてから、中国は言葉による恫喝をエスカレートさせ、外交部に加え国防部の報道官も「厳重に陣を構えて迎え撃つ」など軍事的恫喝に近い、極めて厳しい言葉で議長の台湾訪問を牽制しました。

ニュースの翌日にバイデン大統領は記者団に問われて、議長の訪台に否定的なコメントをし、その後、オースティン国防長官がペロシ氏に訪台すれば中国が威嚇行動に出る恐れがあると直接伝えたと言われています。

7月28日には米中首脳会談が行われ、バイデン大統領と習近平主席はこの問題を話し合ったことは確かであり、ホワイトハウスの否定的な発言を含め、習近平や中国政府は自分たちの外交圧力が功を奏していると受け止めた可能性があります。

しかし、8月2日にペロシ下院議長は台湾を訪問してしまった。

議長が訪問したニュースに、中国のネット上には、中国軍は軍事的に迎え撃つと言って「期待させたのに、何もしてくれなかった」あるいは「口先だけで、強気なふりをする」といった不満の声が充満しました。秋の全人代（全国人民代表大会）を控え、何よりも面子を重んじる習近平に残された道は、国民には腰砕けと映る可能性を覚悟しても言葉による恫喝を強めてみせるか、あるいは国防部報道官が警告してみせたように、軍事的なデモンストレーションを実際にやるかの2つしかなく、軍事演習とミサイル発射の選択肢を取らざるを得なかったと思われます。習近平には無謬性があるので、習近平の命令や実績を修正したり訂正したりすれば習近平の政治的な正統性を損ないますから誰もできない。

大事なのは、尾上さんが言ったように習近平氏に武力行使のチャンスが来たと思わせないようにすることです。そのために防衛上の努力が必要だし、外交上の努力が欠かせないと思います。

最後は「連合軍VS.中国」になる

兼原　軍事が弱いと外交はできません。軍事で一番、頼りになるのがアメリカです。それ以外では豪州でしょう。南半球の国で北東アジアと距離が遠く、中国への経済的依存度が高い国ですが、戦争が始まり、アメリカが出て来るなら、豪州はつき合うと思います。

イギリスが出て来ることも大変、重要です。経済力も軍事力も大きい国ですからね。兵力投射能力があるのはフランス、ドイツです。これにイタリアとスペインが付き合うかどうかです。

２０２２年６月にスペインのマドリードで開かれたＮＡＴＯ首脳会議に岸田文雄総理が出席しました。バイデン大統領が岸田総理や韓国の尹錫悦大統領を首脳会議に連れて行って、「何かあったら彼らを支援してほしい」と加盟国に頼んだわけです。

アメリカは台湾有事のようないざというときには、コアリション（連合）軍を作り、たくさんの同志国を募ってインド太平洋地域に連れてくる考えです。しかしグアム以外に軍隊を置くところがありません。韓国はあてにならないし、フィリピンは防御能力が低い。となると多国籍軍は日本に来るかもしれません。それを私たちは、あらかじめ考えておかなければいけません。

私たちは日米だけの枠組みを考えがちですが、アメリカ外交の幅はグローバルです。戦争になれば、連合軍対中国という形になるはずです。連合軍には30カ国、40カ国が参加するでしょう。そうなると外交上の取りまとめを日本とアメリカが行うことになります。日本も主体的に動かないといけません。

最後の段階になると、ハワイで日米豪英等の首脳会談が行われ、戦後の中国をどうするかや台湾独立などが話し合われることになるかもしれない。日本の総理はそこで何を言うのか。そこまで先を考えておく必要があるのです。

ですから、日本の総理には第二次世界大戦の終戦を取り仕切ったルーズベルト米大統領やチャーチル英首相と話すぐらいの気構えを持ってほしいと思います。日本は戦後一貫して、アメリカの子分のようないくぶん卑屈な気持ちでいましたが、もう、そういうことではないのです。「台湾戦争」が終わったときには戦勝国の一員として、この地域の平和と安定をどう維持していくかという話になるわけですから。そのとき、日本の総理は主人公の一人です。

尾上　戦争をどう起こさないようにするか。逆説的な言い方ですが、起きたとしても「お前は負けるぞ」と思わせることが一番、いい抑止力になります。兼原さんが言われた東アジアの安定や現状維持に対するＮＡＴＯやイギリスの関与を、できるだけ高めていくことは非常に有効な手段です。

イギリスが最新鋭空母「クイーンエリザベス」を派遣して、戦いに参加してくれるかどうかは分かりません。そのときの判断によります。しかし、そういう可能性があるのだということを、普段から中国に認識させておくことが重要です。

ＡＳＥＡＮも、中国と海洋や島の領有権問題を争っている国が多くあります。フィリピンは、台湾で戦争が起きれば、彼らの重要な国益が阻害されます。最近では、フィリピンがアメリカとの連携を強化する動きが出ていて、２０２２年10月には米軍、日本の陸上自衛隊と韓国軍との４カ国による合同訓練が初めて行われました。そうした連携を積み上げていって、習近平国家主席が戦争を起こすハードルを上げておくことが大切だと思います。

台湾は「オセロの隅」と同じ

兼原　なぜ日本にとって台湾は重要なのか。台湾には台湾統治時代に日本人が考えて造った立派な軍港があります。台湾軍も徹底抗戦のために立派な基地を作っている。それを中国軍が奪い取って完全に要塞化してしまったら、台湾海峡やバシー海峡だけでなく、台湾—与那国海峡も通航できなくなります。20万の台湾軍も人民解放軍に編入される。台湾に中国軍の一大基地ができて、高い峰々にはレーダーが取り付けられ、島の各地につくられる軍事基地にはずらりと爆撃機や戦闘機や軍艦が並ぶわけです。そもそもG20サイズの経済力があり、半導体製造では最先端です。この軍事的影響はすごく大きい。

岩田　地図を逆さにして、中国大陸を下に置いて眺めると、日本列島から沖縄、台湾、フィリピンにかけて、第1列島線が中国を塞ぐ形になっています（地図参照）。そこには中国の島は1つもありません。外に出て行きたい中国が、第1列島線に誰も寄せつけないようにするためには、沖縄や先島諸島、台湾が邪魔になります。

今は第1列島線の海峡で中国艦艇等を監視できますが、台湾を奪えば、潜水艦・艦艇・作戦機は、そこから誰にも邪魔されずに太平洋に出放題になります。110キロ先の与那国島は、いざという時は、短距離ロケットの集中攻撃で制圧してくるでしょう。まさに地の利を得た中国の〝出城〟になるわけです。

2021年のアメリカ上院議会で、陸軍のウォーマス長官が、台湾がなぜ重要かという質問に対して、こう答弁しています。

「今まで20年間、米空軍は世界のどの場所においても航空優勢を維持していた。しかし台湾島が奪われると、この地域で米軍は一切の制空権が取れなくなる。すなわち、二

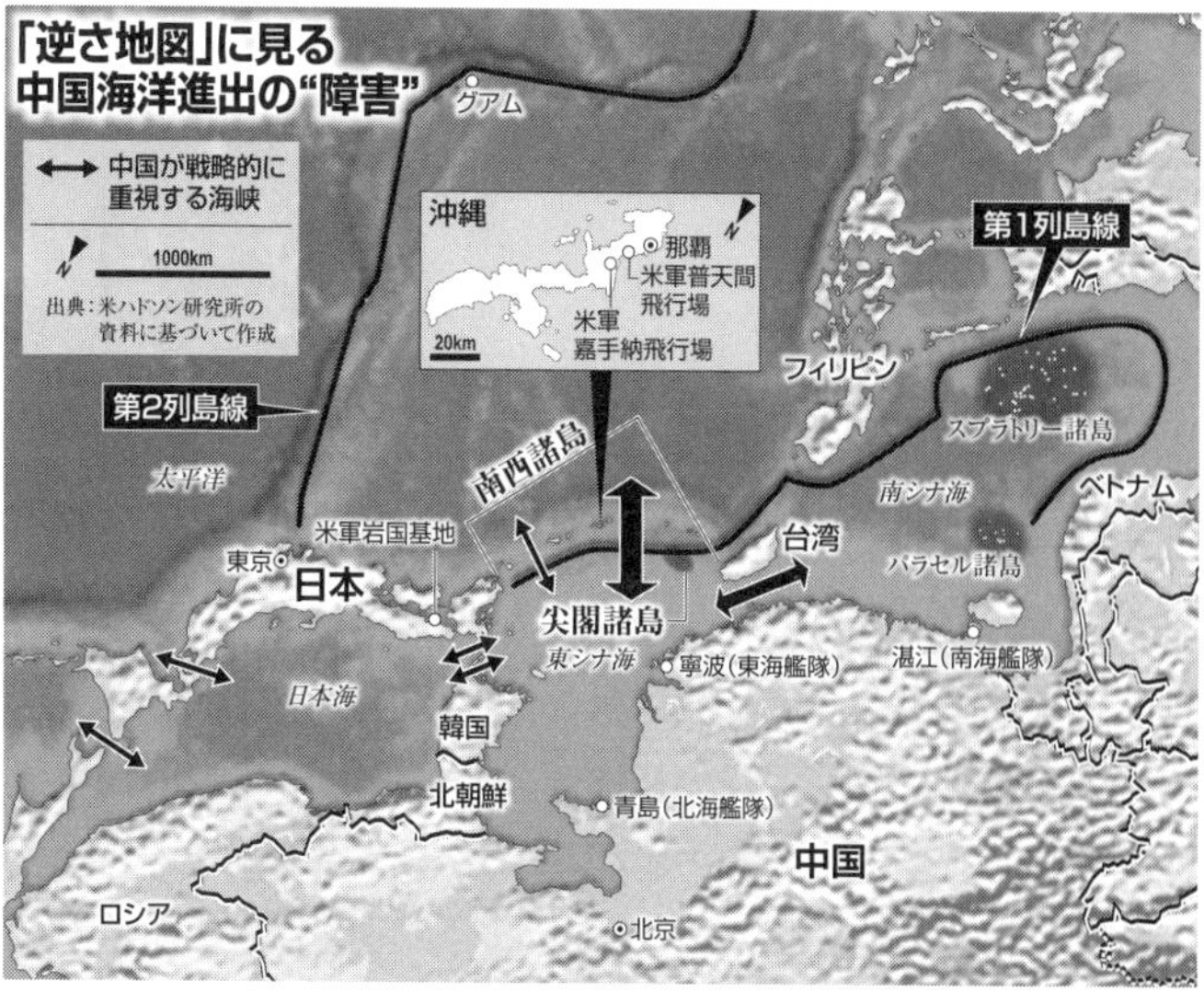

中国から見た海洋進出の障害（産経新聞社提供）

度と台湾を取り返すことはできない」

武居　シーレーン上から見ても、台湾を取られると日本の国益は大きく影響を受けます。

日本は生存と繁栄を海に依存している典型的な海洋国家です。したがって海が自由で開かれ、海上交通路（シーレーン）が安全に使用できることは死活的に重要なのですが、我々は平和に慣れすぎてそのことをあまり考えない。

我が国にとって台湾の地政学的な価値は何と言ってもその地理的な位置で、海上交通の要衝となっていることです。陸上交通に置き換えれば、台湾本島はロータリー交差点の中央の島で、幾筋もの海上交通路が台湾に向かって集まり、分岐していく。南シナ海の南のエントランスがマラッカ・シンガポール海峡とすれば、台湾の南のバシー海峡は北のエントランスです。東シナ海や太平洋から南シナ海に出入りする船舶は必ずバシー海峡を使います。海は広いように見えても、水深や海流の関係から船舶が安全に利用できる部分は限られます。ルソン島と台湾の間には島や浅瀬が点在していて、船が安全に航行できる海域は狭い。

パリの凱旋門をイメージしてもらえばよく分かると思います。パリの凱旋門は国内のすべての道がここに集まり、そこから分岐して、それぞれ違った方向へ向かいます。中国が台湾を統一し、台湾周辺の三海峡（台湾海峡、バシー海峡、台湾―与那国海峡）を支配するようになれば、中国は南シナ海の北のエントランスを自由に開け閉めできるようになります。アメリカは日本以上に影響を受けるかもしれない。南シナ海周辺の同盟国への自由なアクセスが難しくなるばかりか、インド洋や湾岸地域に安全保障上の問題が発生したとき第7艦隊が南シナ海を遠回りせざるを得ない可能性も出てくるからです。

したがって、中国が台湾を統一すれば南シナ海は中国が管轄する海になってしまうかもしれない。南シナ海は世界の成長センターです。将来、世界の人口の5割以上が、インド太平洋から生まれ、その中心となるのが南シナ海です。中国が台湾を支配すれば、世界にとっても日本にとっても将来の不利益は計り知れないと考えるべきです。

尾上　台湾は第1列島線の中央に位置していますが、そこを取られたら、オセロの隅を取られたように勢力配置がパタパタと赤色にひっくり返ってしまいます。これまで中国の戦力発揮は大陸から行われていました。しかし、台湾が取られてしまうと、中国の勢力、脅威圏が一気にバッと広がります。第1列島線のエリアが中国の支配下に置かれたら、東シナ海、3つの海峡、南シナ海が全部、扇状に広がる中国の軍事影響圏下に入ることになります。まさしく台湾は地政戦略上の要衝なのです。

「沖ノ鳥島に空港を造れ」

武居　中国が沖ノ鳥島を島ではないと主張するのは、将来、台湾を手に入れたときのことを考えているからだと思います。中国の国際法の解釈は二重基準で、岩礁が「島」であるかの解釈について南シナ海の岩礁と沖ノ鳥島とで使い分けています。将来的に台湾を統一できれば台湾から太平洋に広がる大陸棚の帰属など日本と競合する問題が出て来ますから、沖ノ鳥島が島であるかないか、EEZを持つか持たないかは彼らの海洋権益に大きく影響する可能性がある。

兼原　沖ノ鳥島は、九州からパラオまで連なる大山脈の頂点です。島の大きさは低潮線で測ります。周囲が縦2キロ、横4キロぐらいあって、尖閣諸島の魚釣島と同じ大きさの島です。高潮時には山頂の岩だけが水面上にちょんと出ているだけなので、「島ではないのではないか」と言われますが、実体はものすごく大きい島で、低潮時には潜水艦の浮上のようにして巨大な島の本体が出てきます。岩盤もしっかりしています。

かつて安倍総理から、沖ノ鳥島に空港を造れと言われたことがあります。これは真面目な話で、試算してみたら建造費は2兆円でした。羽田D滑走路のように、杭を打って上に載せれば、十分に空港が建設できます。実際に帝国海軍がここに空港を造ろうとした跡があるのですよ。

2兆円と聞いた人たちが高過ぎると言って反対して実現しませんでしたが、技術的にはやれば造れるのです。軍事空港を造って人が住めばいい。今だって護岸工事関係者がいて、寝泊まりする小さなビルもあります。中国だったら、たぶん一気呵成に空港を建造するはずです。

尾上　私も沖ノ鳥島に空港を造ればいいと思います。現在、太平洋正面の日本の防空識別圏は空っぽの状態です。レーダーも何もありません。そもそも防空識別圏が設定されてないのです。第1列島線と第2列島線の間にある日本の島を使って、レーダー基地を建設するとか、航空基地として使えるようにすることは戦略上、重要な価値があると思います。

兼原　海戦や空戦というのは、面を取らずに拠点を取ります。拠点を取って公海公空上の行動の自由を最大限にするわけです。そして敵の戦力をせん滅し、敵に公海公空の使用を拒否する。そのためには大洋の中にポツンと存在する島の価値は非常に高い。ですから太平洋上に拠点があるのは、すごく大事です。沖ノ鳥島の戦略的価値は高い。沖ノ鳥島で２兆円くらい払ってもよかったのではないかと思いますね。返す返すも惜しいことをしました。

南シナ海は浅いから、海底から泥を上げられます。工事費は５００億円程度です。沖ノ鳥島の場合、海底山脈の山頂部に当たるので、船で他の場所から泥を運んで来る必要があります。それで２兆円かかるのです。しかし、文字通り不沈空母になるわけですから、２兆円でも安かったかもしれません。安倍総理には「財源がありません」と御報告したら「本当に必要なら国民が払うよ」と仰って残念そうでした。

尾上　アメリカのすごいところは、どんな場面であっても、どうやれば勝てるのか徹底的に考えることです。中国のＡ２／ＡＤ戦略について、どうやれば勝てるか、作戦や戦術を真剣に考えるのです。現在はまさにその最中です。だから必要な無人艦艇や無人機をどんどん開発したり、多数の小型人工衛星を連携させて情報収集を行う衛星コンステレーション（群）を作ったりします。日本はなかなかそこまで大胆な考えに至らないし、実行には程遠いのが現状です。お金がないことが一番大きい理由なのですが、防衛費を大幅増額して、大胆に戦略体制を整えてもらいたいものです。

第4章

日本のサイバー敗戦

日本のサイバー軍は「戦えない軍隊」

兼原　私が日米対中国の戦いで、一番脆弱だと思っているのは日本のサイバー防衛です。今の日本は本当にこれが駄目です。内閣サイバーセキュリティセンター（NISC）には100人ぐらい優秀な人材がいますが、そんな規模では戦争は戦えないのです。中国など、普通の国のサイバー軍にはハッカー部門だけで、5000人から数万人以上います。

日本には政府クラウドもありません。ものすごく堅いファイアウォールでガチガチに守られた政府クラウドが必要です。これを破るのは人間ですから、セキュリティー・クリアランス（政府の機密情報の漏洩を防ぐため、機密情報を取り扱う人物などに対して、事前に審査する仕組み）をしっかり行うことが重要です。

先ほど申し上げたサイバー攻撃に対応するサイバー防衛隊には最低1万人は必要になります。ハッキングした相手を追跡して逆にハッキングして敵を突き止め、必要ならやっつける技術を持ったハッカーの子供たちです。日本国中にセンサーを配置して、日本中に流れる大量のデータをスパコンに入れて、中国、ロシア、北朝鮮のスパイウェアを見つけ出して、データベース化せねばなりません。そうすることで、敵のスパイウェアを見つけ出すことができるようになります。

たとえばワイパー型マルウェアというウイルスは、侵入して来るとハードディスクの中身を全部、書き換えたり消したりします。するとすべてのシステムが止まってしまいます。これを捕まえて敵が侵入して来た瞬間に1万人ぐらいいる若いハッカー兵士たちがいっせいに追跡して、発信元を特定する。このようにサイバー攻撃の犯行主体や手口、目的を特定する活動をアトリビューションといいますが、民間でもここまではある程度できるそうです。NTTのような一流企業にはけっこうノウハウもあると思います。しかし、敵は毎日、攻撃して来るので、敵の暗号を解いて、敵のコンピュータに入って反撃しなければいけません。その権限を持っているのは軍隊だけです。軍は偵察活動や暗号解読が仕事です。それは軍隊の正当業務行為です。日本でこれをやれるのは自衛隊しかありません。

そのために自衛隊のサイバー防衛隊が作られたのです。しかし、90人で立ち上がったサイバー部隊員は現在、わずか500人です。一方、水陸機動団はゼロから始まり、もう3000人です。水陸機動団はわずか10年で戦力化されたのに、サイバー軍はまったく戦力化されていません。

最大の問題は、「何人も、不正アクセス行為をしてはならない」と定めた不正アクセス禁止法や、コンピュータ・ウイルスの作成などを罰する不正指令電磁的記録に関する罪が、平時の自衛隊にも適用されることです。この法律は少年ハッカーを処罰するものですよ。こんな馬鹿なことをやっているのは、世界広しといえども日本政府だけです。

サイバー空間の戦争は、平時に行われます。ウイルスは平時に埋め込まれるのが普通ですが、日本では自衛隊が平時にサイバー防衛をしてはいけないという制度になっている。

要するに日本のサイバー軍は「戦えない竹光の軍隊」なのです。

これを改正しないと、もはやどうしようもありません。私はこの法律を自衛隊にもかぶせたというのは、戦後の日本国法制の最大の失敗だと思います。内閣法制局の責任は大きいと思っています。自衛官を防衛顧問として雇うくらいのことをしないと、法制局は時代についていけないのではないか。

5年間何もしていない

兼原　まず不正アクセス禁止法等の自衛隊への適用を外すことが第一です。そうすると積極防衛ができるようになります。しかし、これを外すと今度は、サイバー防衛隊に自衛隊以外の政府や重要インフラを守ってくれという話になるはずです。もし、それを自衛隊が行うとなると防衛省の任務を超えてしまいます。

そのためには内閣官房に各省庁を横ぐしで貫く「サイバーセキュリティ局」を作らなくてはいけません。今のＮＩＳＣ（内閣サイバーセキュリティセンター）の規模を2倍ぐらいに拡大し、その下にサイバーセキュリティ情報センターを設置して、スパコンを2、3台入れて敵のウイルスのデータベースを作り、数千人のサイバー防衛専門の自衛官に兼務で入ってもらう。そのような大きな仕組みを作らないといけないのです。内閣衛星情報センターはそういう形になっています。

これがないと、サイバー防衛はできません。また、技術は日進月歩ですから、量子やサイバー技術の研究開発施設を横須賀あたりに作って、年間1兆円ほどの予算を付けるようにするべきです。ところが、今はそれがゼロの状態です。何もないのです。政府クラウドも、ファイアウォールも、クリアランスも、1万人のサイバー部隊も、サイバーを統括する内閣サイバーセキュリティ局も、その下の実働部隊であるサイバーセキュリティ情報センターも、データベースも、スパコンもありません。だからやられ放題なのです。最近不審な停電が日本各地で起きている。企業や病院も標的になっている。情けない話ですが、恐らく今、どんな攻撃をされているか、その全体像さえも分かっていません。丸裸同然だと思います。

日本が今、サイバー攻撃をされると、おそらく離島の電気が狙われます。沖縄の電力が落ちて沖縄がブラックアウトしてしまい、米軍も自衛隊も戦えなくなります。政府は「30防衛大綱」を策定したとき、サイバー攻撃に対して真面目に取り組むべしと閣議決定して指示したはずなのに、この5年間、何もしていない。

尾上　ウクライナで起きたことを徹底的に分析して、いろいろな教訓を引き出すことが大事だと思います。

２０１４年にウクライナはロシアにクリミアを奪われました。そのときにハイブリッド戦を仕掛けられ、サイバー攻撃を受けて電力システムなどが大きくダウンしました。それ以来ウクライナはサイバー攻撃から生き残れるように通信システム等の防護を強化し、また、２０１５年に「ＧＩＳアルタ」と呼ばれるシステムを開発しました。米スペースＸの小型衛星を活用した通信システム「スターリンク」の衛星通信網で敵の位置情報を取得し、クラウドを使って敵の情報を部隊に送って、一斉攻撃を仕掛けるというもので、現在実戦で使用しています。

中国が台湾を併合しようとするときは、最初にハイブリッド戦を仕掛けて来るでしょう。台湾だけではなく、日本も確実に攻撃対象になります。通信システムを維持、保護するために、これにどう対抗するかを考えて備えておく必要があります。今からではもう遅いかもしれません。しかし、やっておかなければなりません。

仮に自衛隊のサイバー部隊に中国軍を想定した「レッドチーム」のような役割を与え、日本のインフラシステムにハイブリッド戦を仕掛けて、どこが一番脆弱か、どういう防御手段を取る必要があるのかを研究してみてはどうか。それを日本のサイバー防衛体制整備や予算に反映させることが必要だと思います。

ダメージからの回復に2、3年

兼原　日本はまさしくクリミアを奪われた2014年のウクライナと同じ状況です。中国は軍制改革で戦略支援部隊という組織を新たに作って、宇宙、サイバーなどを一元的に作戦指揮する力を強化しています。彼らは日本の弱点になるものを徹底的に調べあげて、攻撃準備をすでに整えていると思います。
もし、日本がサイバー攻撃でやられても、アメリカはただちに助けてくれません。今の日本には、すでに述べたようにサイバー防衛の基本インフラがまったくないので、助けようがないのです。助けに入っても復旧させるのにおそらく2、3年かかります。緊急時には政府のデータを全部、安全なクラウドに移すような作業をしなければいけません。ウクライナは政府のデータをアマゾンウェブサービスに移しました。日ごろから自前のサイバー防衛能力を構築しておかなければ、サイバー攻撃をされてからアメリカに助けを求めても、すぐに「分かった」とはならないのですよ。

尾上　サイバーの一番の問題は、国が電気・通信、その他基幹インフラのサイバー防衛に、一元的な責任を持っていないということです。

サイバー防衛は各インフラを担っている事業者が行っていますが、中国軍が本格的にサイバー攻撃を仕掛けてきたら、どこまで耐えられるのか未知数です。かなり破れてしまう可能性が高いと危惧しています。

兼原　そこが経済安保法制の穴なのです。経済安保法制には「国家的システムである重要インフラのハードウェアは西側から買え」ということが書いてあります。そうすればゼロリスクだと。これはハードウェアの安全確保の話だけを言っています。

それでは仮想空間、サイバー空間での安全確保はどうなっているかというと、これはサイバーセキュリティ基本法の世界なのですが、サイバー空間については「民間の責任だ」と書いてあるのです。これは根本的に間違っていて、ハードウェアの安全は政府がみるが、仮想空間の安全は民間にお任せというのでは意味がありません。下半身鎧をつけて上半身丸裸というのと同じです。サイバー空間でも、セキュリティの基準を作り、その遵守《じゅんしゅ》を法的義務とし、政府が定期検査を行う仕組みを作る必要があります。

このようにインフラ防護、サイバー犯罪対策、有事のサイバー防衛等の多彩な分野を内閣官房の「サイバーセキュリティ局」で統括しなければいけないのです。民間部門の努力を検査し、サイバー犯罪を防止し、サイバー防衛を全部統括する司令塔組織の創設が緊急に必要です。それは各省の取りまとめを行う官房長官の仕事です。だから内閣官房にサイバーセキュリティ局を作らなくてはならないのです。

民間のサイバー防衛組織が必要

武居　今回のウクライナ戦争の顕著な例は、サイバー防衛や攻撃を行うアクターが拡大したことです。今までは公的な機関によるサイバー防衛と、民間会社によるサイバー防衛の２つしかありませんでした。これに「アノニマス」のようなハッキング集団が加わり、通信アプリ「テレグラム」を介してウクライナＩＴ軍が編成され、報道では30万人ぐらいのボランティアハッカーが生まれました。

日本で民間人にボランティアでサイバー防衛に参加してもらうためには関連する法律を見直す必要がありますが、日本にはサイバーリテラシーの高い人が巷に何千万人もいるはずですから、こうした組織を作るのは可能だと思います。銃を持った自衛隊のような防衛組織は作れないにしても、能力の高い人たちを集めて、サイバー民間防衛組織を作ることは可能ではないでしょうか。サイバー防衛能力を短期で構築しなければならないとすると、ウクライナIT軍のようなボランティアのハッカー組織を作ったらいいのではないかと思います。

エストニアは実際にこれをやっています。2007年にロシアからの大規模なサイバー攻撃で壊滅的な打撃を受け「サイバー防衛リーグ」が誕生しています。

日本の人口は1億人ですが、エストニアは133万人です。人口が少ないために、民間の力を利用せざるを得ない。「サイバー防衛リーグ」を組織し、いざというときには民間会社やアカデミアの力を借りる。国家防衛は国民の義務ですから、サイバー防御を行う最適な方法だったと思います。

エストニアのサイバー防衛長官は、「今日における国家の安全保障上のリスクの大部分はサイバー・スペースに起因しており、そのリスクに対処できる人材や能力の多くが政府ではなく、民間企業やアカデミアなどの個人であることを、我々はかなり明白に認識したのだと思う」と言っています。つまり、民間にはサイバー防衛の技能を持った人材が多数存在している。自衛隊にとってサイバー防衛能力の強化は喫緊の課題だとしても、日本ではこうした人材のニーズは民間企業と競合状態にありますし、処遇の問題もあって公務員として大幅な採用は難しい。自衛隊の中でかき集めてくるとしても、基本的に自衛隊には余剰の人材はいないので、必ず別のところに無理を生じさせてしまう。民間のボランティアに頼ることができるならばそれに越したことはないと思います。

もちろん反対意見はあります。サイバー防衛は、どこまでが防衛なのか、どのレベルから犯罪になるのか線引きが難しい。平時にサイバー攻撃をおこなったら犯罪になるが、グレーゾーンの段階はどうなのか。サイバー防衛から攻撃に切り替わることができる法的解釈はどうなのか。民間人にサイバー防衛に関する倫理観や国家観をどのように育成するのかなどです。

尖閣有事や台湾有事が起きたとすれば、日本でもボランティアが立ち上がってウクライナＩＴ軍のようなものが組織されたり、世界のハッカー集団が我々の側に立ったりしてくれるかもしれません。政府はこのような可能性も視野に入れて、志のある国民の受け皿をあらかじめ用意しておくことを考えてもよい。

岩田　賛成です。民間の力をどう活用するかということは、キーワードになると思います。現状でも、宇宙・サイバー・電磁波領域は、防衛力というよりも、民間業者による活用が主体です。たとえば、衛星通信を担っているのは日本ではスカパーＪＳＡ

Tで、自衛隊は利用者です。サイバー空間は自衛隊のみならず、国内で広く使われており、運営は民間業者が主体です。電磁波の利用もテレビやスマートフォンなど運営の主体は民間業者です。ウクライナにおいてみられるように、戦争には宇宙・サイバー・電磁波関連で勤務している民間人も否応なしに関係せざるを得なくなったということが特色でしょう。戦争は、軍隊のみではなく国のあらゆる機能が力を合わせて総合的に抑止しなければならない時代です。まさに防衛力というものを広義の意味で広くとらえて強化していかなければならないと思います。

兼原　この話がうまくいかない大きな理由の1つが日本行政機構の縦割です。経済産業省や総務省、デジタル庁などの経済系の省庁は、秘密保全の規則が厳しい軍事・治安・インテリジェンス関係の防衛省、自衛隊、警察などから、付き合いたくないとして忌避されている感じです。デジタル庁は全面ガラス張りのヤフーが入っているビルにあるのですが、これは地下階の厳重な二重扉の奥にあるようなインテリジェンスの世界ではありません。デジタル庁のビルには民間の優秀な技術者もいっぱい入っているし、とても機微な話ができる場所ではない。機微な情報を扱うところはもっと薄暗いところです。

経済系官庁は軍事・治安・インテリジェンス系の官庁に付き合ってもらえず、その肝心の自衛隊や警察は不正アクセス禁止法などに阻まれて、実は有事のレベルでの烈度のサイバー攻撃に対する備えは何もしていません。日本はサイバー関係の官庁が経済系と軍事・治安・インテル系の２つに割れていて、それを司令塔としてつなぐべき内閣官房に適切な部署がない。完全に切れてしまっている。その実像をトップの閣僚たちは理解していないのです。

デジタル庁の人はシステムにものすごく詳しいし、もちろん経産省や総務省の人もデータ流通の世界について技術面を含めてよく知っています。しかし、軍事や安全保障に対するリテラシーは、一部の人を除いてほとんどゼロに近い。ネット企業のビジネスや、データ流通や、技術や通信の世界が分かっていて、しかも安全保障に詳しく、インテリジェンスの世界に詳しく、サイバーインテリジェンスやサイバー攻撃について詳しく知っている人は、日本にはいません。だから、「こうしたらいいのだ」と大局的な立場から国家的システム構築を総理や官房長官に進言できる人材が日本政府には本当にいないのです。新しい分野ですから、幹部を含めてサイバー人材の養成が政府の急務です。

「戦争の大義」を中国に与えるな

尾上　ロシアに対してウクライナIT軍が攻撃を仕掛けるのは当然だとして、「アノニマス」のような集団がロシアに対してハッキングを行い、ウクライナを助けたというのは、明らかにウクライナ側に戦争の大義、モラルハイグラウンド（道徳的優位性）があったからです。ウクライナをサポートするという意識がハッキング集団にまで共有されたということだと思います。

中台紛争を考えたときに、中国は様々な言説を弄してハイグラウンドを取りにくると思います。中国国内には中国共産党の意図を受けてハッキングを仕掛けたり、サイバー攻撃を行ったりする一般民間人が何百万人もいます。これが国際的に広がったりすると、ものすごい数のサイバー攻撃が台湾や日本、アメリカに仕掛けられることになります。

そうさせないためには、大義やモラルハイグラウンドをこっちが取って、国際社会に訴える必要があります。

2022年8月に私たちが行った台湾有事シミュレーション（本書巻末に収録）を通じて、戦略的コミュニケーションが非常に重要なテーマになるという認識を持ちました。しかし、その認識を具体的にどういう形で進めていくかという案が、まだありません。早急にストラテジック・コミュニケーション（戦略的発信）体制を作って、普段から実践していくことが必要です。

インフラ担当の企業や重要な能力を持っている民間セクターを含め、国民の意識を変えるためには、政府がしっかり戦略的コミュニケーションを行っていかなければなりません。その点でメディアの役割は非常に大きいと思います。

兼原　だから三戦（法律戦、心理戦、世論戦）が重要なのですよ。中国の戦争は、私たちよりもっと統合的で、無手勝流です。孫子の兵法そのままです。軍事力だけではなく、持てる手段のすべてを動員して、戦わずして勝つことを狙うのです。

一方で日本は武門の国なので、いきなり戦争を考えます。嘘をつかないし、醜い口げんかはやらない国柄なので、国際的な発信力があまりありません。中国とはまずそこで差がついています。中国共産党宣伝部は、革命輸出、思想教育を担当する部署ですから、非常に重要な部署です。日本は戦前から広報・発信機能軽視で、宣伝を専門に担当する部隊もありません。中国共産党の宣伝部などは何兆円も予算を使っていると思います。

総理官邸の広報組織は内閣広報官です。これと一緒に、外務省の総合外交政策局、防衛省の防衛政策局、統幕の報道官、外務省の報道官らが集まって、ＮＳＣで協議したり広報作戦を定期的に練ったりしなければいけません。やろうとはしたのですが、実はやったことがありません。

戦前もそうでした。蒋介石は徹底的に宣伝工作を行い、偽の写真をばらまきました。画像を駆使した蒋介石の宣伝は、言語の壁を乗り越えて、恐ろしい勢いでアメリカに拡散しました。上海で男の子が線路で泣いている写真を使って巧みに南京虐殺を宣伝しました。蒋介石は、中国兵3人に日本兵1人と言われた中国軍の弱さを外交でカバーしようとしていました。米国やソ連や欧州諸国と日本を戦わせたかったのです。必死の蒋介石は写真を利用することを思いついたのでしょう。

武士の伝統が強いからでしょう。自己宣伝が日本は昔から苦手です。帝国陸軍中将の有名なせりふが残っています。「言挙げせぬは武門の誉れ」。つまり、言葉に出して言い立てることをしないのが美徳というわけですが、これでは駄目。しゃべったほうが勝ちです。それが国際社会です。また、有事のような混乱した事態では、質よりも発信量とスピードが重要なのです。

サイバー分野には、サイバーセキュリティとサイバー・イメージコントロールの2種類がありますが、日本は後者、つまり印象操作が圧倒的に弱い。そもそも発信量が、わずかしかありません。

尾上　中国軍の中には政治工作、情報工作を行う専門の部隊があります。彼らはその戦いをずっと行って来ました。三戦というのは、戦略的コミュニケーションそのものです。ところが日本にはこれに対抗する組織もなければ、宣伝戦を戦っているという発想自体がありません。だからやられ放題です。

台湾有事シミュレーションでも、それが大きな議論になりました。ＳＮＳのインフルエンサーたちを雇って発信してもらうといった、いろいろな案が出ました。臨時でもいいから専門の組織を設置しないと、戦略的コミュニケーションで負けてしまいます。

今はまだどのようなメディアを使って発信するのが効果的か、誰がコンテンツを作り、そのメッセージを誰に対して伝えるのかといった踏み込んだ中身がありません。組織を作ってもいきなりできるものではないので、日々、意識的に訓練していく必要があると思います。

「戦争に巻き込まれる」

武居　日本は本当に戦略コミュニティが弱いと思います。そもそもアカデミアには軍事学を専門にする学者がほとんどいません。

兼原　世論はだいぶ変わって来ていますけれどもね。平和安全法制を作るとき、ホルムズ海峡の有事で日本の石油輸入が止まるような事態を、存立危機事態として集団的自衛権の対象にすると説明したときには、国会も世論も左派を中心に大騒ぎしました。しかし、「台湾有事は日本有事」といっても、現在、反対の声はほとんど聞きません。「戦争に巻き込まれたら困る」という人は2割くらいでしょう。55年体制の中で育った中立幻想の人たちです。日米で構えているから対中抑止が効くのです。日本が腰を引けば台湾戦争が始まってしまう。国民の多くは、もう解っている。

尾上　気をつけなければいけないのは、中国が「アメリカの戦争に巻き込まれる」というロジックを使って、日本の世論操作を行うことです。

現在でも、核の議論を避けようとか、「自衛隊がいるから日本が攻撃を受けるのだ」と言う人もいます。私にはそれが自然発生的なものであると思えません。やはり、どこかで世論を操作する意図が働いているのではないか、ということを前提に、認知戦を考える必要があると思います。

国全体で認知戦を戦っていくには、外からの情報操作に操られないようにするため、政府としての政策を適時適切に発信する必要があります。さらに中国にも日米はこういう対抗措置を取るというメッセージを送る。その仕組みや機能を高めることが必要です。

ヨーロッパでは認知戦をどのような形で行うか研究する組織があり、日本からも研修に行っています。日本にもそうした組織や機関を作るべきです。デジタル庁は1年でできたのですから、岸田総理がやると言えば1年でできます。

兼原　かつての日本には恐らく多分にソ連に操られた中立幻想があり、「アメリカにつき合うと戦争に巻き込まれる。アメリカを信用するな」といった議論がまかり通っていました。日本社会党がそうですし、朝日新聞や毎日新聞、東京新聞は軍事問題となると、日本は米国の戦争に係わるべきではないと大騒ぎをしました。しかし、今では国民が「では日本をどうやって守るの？」とリアルな問いを尋ねるようになりました。彼らはそれに答えることができません。国民の関心が現実主義的なものへと変わったのです。

岩田　台湾有事シミュレーションに対しても、否定的な報道はありませんでした。核の議論まで行いましたが、まったくそれがなかったのです。ということは、メディア、国民レベルでは「台湾有事は日本有事」であり、「現実的に、どうすればいいのか」ということに関心が向いている証拠です。

兼原　問題なのは、自民党の中にもある経済至上主義、軽武装主義の考え方です。吉田茂直系の宏池会系の歴代政権が、あたかも吉田茂の路線を継承したように言われていますが、吉田茂は朝鮮戦争を含めて終戦直後の壮絶な時代を担当した総理で外政家です。お花畑時代の高度成長期の指導者ではない。そんなことを言うはずがない。終戦直後の政治、経済、安全保障の危機を乗り切るために、とりあえずの方便で、経済復興優先と言っただけです。

岸総理の安保改定で世論が大きく荒れた以降、「西側の一員」という旗印を明確にした中曽根康弘総理が登場するまで、歴代自民党政権は、経済成長に国民の関心を向け、安全保障問題には深入りしないようになります。高度経済成長下で、左翼のマルクス主義階級闘争史観が衰退したのは良かったのですが、安全保障がお留守になりました。実際、経済官庁出身の総理はあまり軍事的な見識を持っていない。「軍事は軽武装でいい。アメリカに任せておけばいい。日本は経済だけでいい」というのは自民党の政治家が言い始めたのです。それがいつの間にか「安保ただ乗り主義」になって、「世界の安全保障もアメリカにやらせておけばいい。関わらずに済むんだから憲法9条さまさまだ」という風潮になってしまいました。国家、国民の安全は国会議員の一丁目一番地の問題です。これから日本の政治家を、どうやって日本の防衛に本気にさせるかが課題です。

今、私が大学で教えているような若い人たちは、「政府は借金を１０００兆円も作って、それを若い日本人に押し付けて、安全保障はアメリカ任せ。本当に今の大人はいい加減だ」と思っていると思います。彼らはシニア世代とは逆に、安全保障も、社会保障も自分たちの問題だと思っている。

安倍総理は、安全保障、社会保障の財源問題に正面から取り組んで、平和安全法制を作り、また、消費税を2回上げました。それでも政権は潰れませんでした。普通、安保問題で大きな仕事をしたり、消費税を増税したりすれば、政権の寿命は縮まります。しかし安倍政権の支持率は10％くらい落ちても、すぐに元に戻った。明らかに国民が変わったのです。安倍総理も、「（支持率は）すぐに戻るから」と言われていました。自分を支えてくれる国民を信じておられたのだと思います。支持層は、ジュニアな新しい日本人です。

私たちはこれから努力していかなければなりません。努力して日本を変えなければ10年後に、子供たちから何と言われるか。このままだと「あなたたち平成の日本人は、本当にいい加減だった。中国の脅威を前に安全保障はぼろぼろで、膨大な借金を抱えて破綻しかけた社会保障を残していった」と言われかねないのです。この国の形を変えないといけない。

武居　いま準備が必要なのは防衛省も同じです。国民はいざとなったとき自衛隊が必ず助けてくれると信じている。政治は当然のように自衛隊に出動を命じるでしょう。そのとき何の準備もなかったらどうするのか。有事において自衛隊は政治の不作為を言い訳にできません。

２０１５年４月の日米外務防衛担当閣僚協議（２プラス２）の共同文書には、尖閣に日米安保条約第５条が適用されることが初めて明記されました。以来、アメリカは首脳や閣僚の会談などの機会に繰り返しこれに言及していますが、それがかえって日本の防衛努力のインセンティブを弱めてしまった可能性がある。第５条がカバーすると保証しても、アメリカが自動的に参戦するわけではなく、別に大統領の命令が必要になります。

中国の軍事力がアメリカを凌駕するレベルにまで増強を続けているとき、アメリカの相対的なパワーは縮小を続けていますから、我々はアメリカがすぐには助けに来てくれないと考えなければいけないかもしれない。尖閣有事は第５条事態である確認と合わせて、必ず日本自身が防衛努力を強化しなければならなかったのですが、冷戦時代からずっと続いてきたアメリカの軍事力への過度の依存状態から抜け出せませんでした。

日本は「マイナーリーグ」

兼原　戦略的コミュニケーションに話を戻すと、英米はマーケットをすごく上手に使います。アメリカにはＣＳＩＳ（戦略国際問題研究所）や、ブルッキングス研究所といったシンクタンクがたくさんあり、そこにお金を投入しています。

やはり日本政府も発信業務の半分は、優秀な民間企業に委託して自由にやらせないと駄目だと思います。日本政府だけが発信業務を抱えてしまうと、無味乾燥な誰も読まないような、つまらないペーパーしか出てきません。役人は目先の自分の責任のことばかり考えてしまいます。何かあると「政局に絡められて矮小化した議論に乗せられて国会で叩かれる」という意識が先に立つので、大胆なことが言えない。官僚の宿痾《しゅくあ》です。

岩田　そういう組織がないのは、日本ぐらいでしょう。２０２２年2月に、笹川平和財団が「外国からのディスインフォメーション（相手の信用を失墜させるために故意に流す虚偽の情報）に備えを！」という政策提言書を出したのですが、最初のページに掲載されていた表を見て驚きました。

ディスインフォメーションに関する機関、制度、法律、選挙対応、教育、そしてファクトチェック機関があるかなどの項目がありますが、米国はほとんどが○。シンガポールも多くが○です。しかし日本はほとんどが×です。ウクライナさえもディスインフォメーションにうまく対応しているのです。国家意識の差だと思いました。

武居　サイバー攻撃において、防御する側はどうしても後手、後手に回り、受動的にならざるを得ません。被害を受けたときに、いかに早く立ち直るかという回復力、レジリエンシーをサイバーネットワークの中に設けておくことが非常に重要だと思います。

政府も平素からサイバー攻撃を受けないように努力するのと並行して、攻撃を受けたあと、いかに早く回復するかという点でも努力をする必要があります。サイバー攻撃を受けて緊急連絡会議を立ち上げたとき、具体的に何をするのか腹案を持っておかないといけない。台湾防衛でも、サイバー攻撃を想定して、回復力を持たせることが重要になると思っています。

岩田　ロシアは2022年2月24日のウクライナ軍事侵攻開始と同時に、ウクライナ政府と軍が使っていたKaバンド（電波周波数帯）通信衛星に対して、サイバー攻撃をかけました。その日のうちに、通信量が一挙に17%まで落ちてしまい、ウクライナ政府と軍の通信が極端に難しい状況になった。ウクライナは、事前に米国と協議していたと思われますが、２月26日、米国政府とイーロン・マスク氏のスペースX社に対し、スターリンク衛星の提供を申し入れています。スターリンクは、低コスト・高性能な衛星コンステレーションと地上の送受信機により、高速衛星インターネットアクセスを可能とするものですが、イーロン・マスク氏は直ちに対応して５０００基の端末をウクライナに供与し、約10時間後にはウクライナに届いたと言われています。これで、ゼレンスキー大統領の指揮や軍の運用は何とか保てている状況で、現在は２万５０００基が活躍しているようです。確かにロシアのサイバー攻撃力も強いですが、その攻撃を事前に予測し、代替手段を調整・準備していたウクライナと米国の連携にも着目すべきです。

日本も見習うべきです。デニス・ブレア元米国家情報長官は日本のサイバー防衛について「マイナーリーグ」だと酷評しています。日本はアメリカと連携し、どうやってウクライナを立ち直らせたのかを学んで、４年以内に今のサイバーの「マイナーリーグ」から普通のリーグに上がれるように努力しなければいけません。

兼原　日本がこれまで対策を何もして来なかったのは、敗戦のショックから立ち直っていないからです。国家最高レベルでは、政治、経済、軍事はどこの国でも一体です。学術、産業、官界、軍隊も最先端分野で有機的に結びついている。ところが終戦後、Ｇ

HQ（連合国軍総司令部）が乗り込んできて、軍事部門を日本のすべての他の部分と切り離し、軍隊を解体した。そして本当にそうなってしまった。ソ連側からも日本の軍事的復興を阻止するように、日本社会党などの日本の国内の親ソ勢力に強い圧力がかかりました。問題は、日本人自身が、解体されたままでいいと思っていることです。

経産省がようやく最近になって安全保障面から産業政策を考え始めましたが、戦前は軍需省と呼ばれていたわけです。未だに自衛隊を毛嫌いする東大の総長も、戦前は海軍提督がやっていた。しかしその記憶は完全にGHQとソ連の対日政策と戦後左翼によって消し去られてしまい、戦後75年間、学術界は防衛費に匹敵する予算をもらいながら、一切、軍事研究をしなくなりました。

話をサイバーに戻すと、データ流通系のデジタル庁、総務省、経産省と、軍事・インテル担当の防衛省、警察庁が完全に切れている。戦後の経済系の官庁は軍事問題に対するリテラシーがなく、なかなか防衛・インテル組から付き合ってもらえない。

こんな国は世界中でどこにもありません。自衛隊だけで戦うことはできるはずないのです。国全体の総力を挙げて、国家と国民を守ることができる政府の仕組みを作り出す必要があります。今の日本にはそれができていない。このままでは有事に日本政府は崩壊して負けます。

岩田　軍だけでは国は守れないというのは、ウクライナでも明白になっています。ウクライナは国家全体の機能を投入した総力戦で戦っているから負けないのです。

第5章

台湾有事　米軍は台湾に集中する

中国は尖閣を必ず奪いに来る

兼原　今、中国と戦争になれば、自衛隊員の何割か命を落とし、何割かは戦闘不能になるぐらいの負傷をする。先島諸島の一部は取られるかもしれません。水上艦は全部なくなり、航空機も半分ぐらいがなくなるでしょう。日本は中国と、それくらいの差がついていると思います。

アメリカはどれほど本気で中国と戦うのかという問題もあります。核の先制使用まで考えて、絶対に侵攻させないという態勢をとれば、中国は攻めて来ないと思います。しかし、そうはなっていません。米中核戦争にならないように慎重に配慮しながら、台湾周辺の局地戦を通常兵器で戦うつもりです。台湾にハイマースを持ち込むなどと言っていますが、それで戦争は終わりません。米国だって航空優勢も海上優勢も完全には取れない戦争になる。前線国家である日本と台湾には、防衛上の大きな負担がかかります。国民への損害も大きなものになる恐れがある。米国は最後に勝てばいいと思っていますが、私たちは台湾戦争が始まったら困るのです。だから万全の抑止を求める。あまりエスカレーションを恐れて尻込みされても困る。米国は核兵器国相手だとひどく慎重になりますから。アメリカにはそれをわからせないといけない。

いざ戦争となると、中国もかなりリスクがあります。台湾を侵略したら中国だってひどいことになるのは確かでしょう。

その際、中国は尖閣諸島を奪いに来ると思っていたほうがいい。台湾も尖閣は台湾の一部だと言っています。中国が取りに来ない理由はないのです。自衛隊の兵力を割くための陽動だけでも意味がある。中国は必ず尖閣を取りに来る姿勢を見せるでしょう。尖閣は東シナ海の孤島であり、奪取して軍事拠点化すれば戦略的価値は高いのです。そうすると、日本では「日本領土の尖閣を守れ」という話になり、相当な軍事力、自衛隊の戦力を尖閣に割かれてしまうわけです。このように中国にとっては色々なメリットがあるので、尖閣奪取は仕掛けてくるのではないかという気がします。

尖閣を予め要塞化してこなかったのは、自戒を込めて申し上げますが、日本政府の責任だと思います。他国が自分の領土を狙ってきたら、その領土を要塞化するのが当たり前なのです。ロシアに奪われた北方領土も韓国にかすめ取られた竹島も武装されてしまいました。自分から一方的に敵が狙ってくる領土を軍事的真空にしておいて、「そこには来ないでください」といくら言っても無駄です。中国は自分が強くなるのを待っていただけで、国力の逆転と同時に、中国海警が尖閣諸島に襲い掛かってくるようになりました。他国の善意を信じるにも限度があります。度が過ぎれば、今の尖閣のような状況になるということです。国際社会は甘くありません。日本政府は尖閣諸島の管理に失敗したのだと思います。

台湾有事の際に、ロシアと中国が一緒に攻めて来るかどうかについては、私はないと思います。中ロは決して愛し合ってもいないし、利害関係が相反しています。反米だけで両国は結託しているのです。大国間競争などと言って中国とアメリカが喧嘩し始めたとき、ロシアは内心、ほくそ笑んだでしょう。習近平国家主席がウクライナ問題に付き合わないのは、負けるロシアを捨てて、アメリカに恩義を売っておきたいからです。もちろん、ロシアが完全に凋落すると、中国一人でアメリカに向き合わなくてはならないので、ロシアには適当に頑張ってほしいと思っていると思います。これから、ポスト・プーチンがどうなるかにもよりますが。

尖閣は自分で対処してくれ

岩田　台湾有事シミュレーションで明確になったことがあります。尖閣に中国の海上民兵が上陸し、台湾には中国が軍事侵攻を始めたという複合事態において、日本政府はアメリカに対して、尖閣周辺における情報収集や航空優勢確保の支援を求めました。ところが、アメリカ大統領役を演じたケビン・メア氏は、「尖閣は日本独自で対処してくれ。アメリカは台湾に集中しているから」と、拒否しました。彼は過去に米国務省において日本部長を務めた経験もあり、日米関係に熟知するとともに、演習において は日本寄りの姿勢を示していたのですが、その彼でさえ、軍事力とは言えない海上民 兵が上陸したくらいで、米国に頼むなということだったと理解しています。つまり日 米安保条約第５条の適用をアメリカが認めていたとしても、いざとなれば米軍は台湾 に集中してしまうのです。だから尖閣への対処は、われわれがやるしかありません。

武居　アメリカの拡大抑止力は揺るぎのないものだと思いますが、尖閣まで対処して くれるかどうかは不透明です。

兼原　民主党政権のときに、すでにアメリカは「尖閣防衛は日本でやってほしい」と 言っていたのです。日本はすぐに「５条、５条（日米共同対処）」と言いますが、アメ リカとしては「日本は、自分は何も尖閣防衛の努力をしていないくせに、俺たち米兵 に尖閣で戦えと言うのか。ふざけるな」というのが本音でした。尖閣防衛に本腰の入っ た安倍政権以降、ずいぶん変わりましたが。

尾上　その通りです。米空軍が行っているＡＣＥ（敏捷な戦闘展開）構想に尖閣防衛は 入っていません。

アメリカは今の状況で、セオリー・オブ・ビクトリー（勝利の方程式）、すなわちど うやったら中国に勝てるのかということを軍事的に考え抜いています。その結論が、台湾海峡を渡って来る中国の艦船を徹底的に沈めるということなのです。

私は軍事合理性のある戦略だと思います。それを実現するために、ACE構想の根拠地となる場所への投資もすでに始めています。パシフィック・ディテレンス・イニシアチブ（太平洋抑止イニシアチブ）という、ヨーロピアン・ディテレンス・イニシアチブ（欧州抑止イニシアチブ）の太平洋版となる基金があります。2023年度会計予算では、115億ドル、約1兆5000億円が配分され、インド太平洋軍が使えるようになりました（22年12月16日時点）。ACE構想を進めるための投資として1年間で1兆5000億円が認められ、各種施設工事や構想に基づく訓練を行っています。

日本に足りないのはそこなのです。精神論だけではなく、本当に必要な予算をつけて、空港や港湾、核シェルターの建造など防衛能力を高めなければなりません。そうしないと、もう間に合わない状況なのです。

兼原　尖閣有事では日米安保条約第5条が適用されるように、外務省は一生懸命にやります。しかし、安保条約第5条が発動されたとしても、そこにどういう軍事的な作戦が展開されるのか、自衛隊の後方を支える政府は何をしなくてはならないのか、政府全体の総力を挙げる戦略が伴って、初めて条約の文言に意味が備わるのです。

軍事的な実体、政府の対処方針もないのに、安保条約5条適用云々の話ばかりしても意味がありません。不思議なことに日本人は何か紙（文書）があると安心するのです。官僚的なペーパー信仰です。戦争になったら、一枚の紙切れよりも、軍事的実体の方が重要だということが分からない。どんなに古い証文をどう振り回そうと、そもそも負けたら意味がないという常識が働かない。太平の眠りは深いですね。

台湾有事の日米共同作戦

武居　台湾有事における日米共同作戦をイメージするために、先ほどの岩田さんの話と重なるところがありますが（90頁）、２０１８年以降に出されたアメリカ軍の戦略文書や議会証言などを参考にしてどのような作戦態様になるかまとめてみました。

【米地上兵力（米海兵隊と米陸軍）】

可能な限り早期に、中国の攻撃が開始される前、すなわちグレーゾーンの段階で第1列島線（日本から台湾、フィリピン）に展開し、所在を秘匿しつつ、対艦ミサイル網を構築する。

【陸上自衛隊】

米地上兵力とシンクロナイズして、九州から南西諸島に分散展開し防御を固めるとともに、米軍の対艦ミサイル部隊と共同して対艦ミサイル網を構築する。

【空軍兵力（米空軍と航空自衛隊）】

日米は共同して、在日米軍基地や自衛隊基地から、米本土、第1列島線あるいはその外側にある複数の飛行場に小規模部隊を展開する。

【海軍兵力（米海軍と海上自衛隊）】

無人ビークル、潜水艦、ステルス性に優れたフリゲート艦や哨戒艦を、東シナ海と第1列島線上に展開して哨戒する。哨戒機部隊は無人航空機等を連携して対潜哨戒にあたり、機を見て機雷戦部隊は海峡部分に機雷を敷設する。

事態の緊迫を見越して、空母打撃部隊など大型の水上艦部隊は、中国A2／AD圏内の外側に分散展開し、東シナ海は無人システム中心の配備とする。

抑止が破れ、武力衝突に至った場合、日米兵力が中国海空軍の第1列島線周辺の海空域の使用を拒否し、相手戦力を減殺している間に、海軍と空軍兵力がA2／ADをデグレード（低下）させつつ、第1列島線の近傍まで進出し、中国本土へ戦力投射する。海軍兵力は主要な海上交通路を保護するとともに、アメリカの増援兵力のために回廊を啓く。

この見積りは結構、正しいのかなと思っています。

岩田　最後の「中国本土へ戦力投射する」の部分が微妙なところですね。

武居　海軍と空軍兵力が「中国本土へ」戦力投射するのは状況によるのでしょうが、将来自衛隊が反撃力を持てば日米共同の作戦になる可能性もあります。

まず、陸上自衛隊とアメリカの地上兵力が第1列島線に分散展開して、自らの位置を隠しながら、中国の海軍兵力、陸軍兵力が太平洋へ出てくるところを叩いて食い止める。さらに海上自衛隊の小型艦艇を東シナ海の周辺に分散させて、ミサイルで攻撃する。

空母打撃部隊のような船体の大きな部隊は、中国のミサイルにとって絶好のターゲットになるために、中国のA2／ADが健在のうちは東シナ海の近傍に近づくことはできない。空母打撃部隊はA2／ADの外にいて、中国のISR能力（宇宙配備センサー、無人航空システム、電磁波情報収集システム）を無力化して「偵察―打撃」戦術が使えないようにしながら攻め上ってくる。槍先が届くようになったところで攻撃することになると思います。

岩田　そのためには「スタンド・イン」部隊としての海兵隊と陸軍を、なるべく早い段階で入れなければなりません。

武居　危機が現実になる前から展開しておかないと、価値がありませんね。

岩田　「スタンド・アウト」部隊は空軍の戦略爆撃機であり、空母打撃部隊です。これは、米中の中距離弾道ミサイルの比率が0対1900のために、最初から中に入ることには躊躇がある。

武居　米軍はA2／ADの脅威下で作戦を遂行するために、極超音速兵器の開発、現有装備品の能力向上、衛星コンステレーションなど各種センサーの開発を行うとともに、作戦環境に適した戦術の開発に10年ほど前から取り組んできました。事態が緊迫したときに米空母部隊が日本近海を離れてA2／ADの外に分散展開することに「日本を守らないのか」と違和感を感じる人がいると思いますが、それは中国の圧倒的なミサイル攻撃から生き残るための戦術であって逃げるわけではない。日本近海で作戦する無人システムや潜水艦部隊と共同して防御に縦深性を持たせ、米空母部隊は彼我の攻防線を押し戻しながら攻め上がってくる。海上自衛隊の「いずも」型ヘリコプター搭載護衛艦やイージス艦のような大型の船は米空母部隊と共同して作戦するか、類似した作戦をすると考えられます。

戦争準備は「やってはいけない」

岩田　日本はアメリカとの連携の中で何ができて、何ができないのかを考えていかなければなりません。

先にも述べましたが、「フォースデザイン（戦力設計）2030」構想の下で、「スタンド・イン・フォース」の役割を担う海兵隊は、フィリピンや台湾、先島諸島にいち早く入って分散展開し、同盟軍と連携を構築することが重要になります。第1列島線の中で自衛隊が海兵隊や米陸軍といかに連携を取るかが、1つのポイントになります。

尾上　今の話の中で「分散」という言葉が出ましたが、航空戦力でもまったく同じです。嘉手納に配備してあるF-15戦闘機や、三沢のF-16戦闘機は、インド太平洋空軍が分散配置をして、スタンド・イン・フォースとして運用するという考え方です。局地的なエアカバー（上空援護）や、海兵隊、陸軍と一体化した運用を考える必要があります。そのためには航空自衛隊の基地だけではなく、海上自衛隊の飛行場のある基地、民間空港の中で比較的、滑走路の長い空港などは、分散の数を増やすために、いつでも使えるようにしておく必要があります。

戦闘機が着陸できればいいというだけではなく、兵器を搭載して、すぐにターン・アラウンドして作戦運用に再投入できるように、米軍と一緒になって準備しておかなければなりません。

米空軍の無人偵察機「ＭＱ９」が、海上自衛隊の戦略的に重要な場所である鹿屋《かのや》航空基地に、長期展開することになり、８機が配備されました。これは非常にシンボリックだと思います。日米が施設を共同使用し、少しずつ民間の空港や港湾、特定重要公共施設等を共同使用できるような態勢を作っていくことが重要です。

岩田　台湾有事シミュレーションの政策提言でも指摘されたように、その点が問題です。自衛隊や米軍の展開用地、あるいは公共施設の共同使用に関して、枠組みはあっても、具体的な検討・調整がなされていません。

アメリカの陸軍、空軍、海兵隊は、いずれにしてもある程度、早い段階から日本に入って展開しなければいけません。平素から一般の公共の施設を利用できるように準備しておく必要があります。ここは政府間レベルと同時に、地元との連携を取るうえで欠かせない部分です。日本の世論の理解を得るために、今からやっておかないと間に合いません。

兼原　それをしていないのは、軍サイドではなく、政府サイドの怠慢です。日本政府は、防災などはすごく真面目にやるのに、戦争準備となると、「絶対にやってはいけない」という変な意識が根強い。何か大切なものが歪んでいます。大規模な厄災から国民の命を守るという点では同じなのに。

国交省が管轄する空港・港湾・鉄道のほか、警察の協力は絶対に必要です。電波と地方公共団体を所管する総務省とも話さなければいけません。内閣官房が総理、官房長官の下で「有事の民間防衛に関する作業をすぐにやれ」と指示を降ろせば、やれるはずだと思います。

私が役所にいた頃は、官僚は「言われたらやるけどさ。下手に動くと戦争準備と言われてマスコミに叩かれる」という感じでした。しかし、危機は今やそこまで来ています。あとは政治が「やろう」と言うかどうかです。国民の意識は変わっています。世論が盛り上がると、政治は動きます。国家の意思を示す時です。

民間空港をどんどん空けて

岩田　航空用地の取得や必要な設備の建設は、国交省の予算の中で、建設国債で行うという議論が必要ではないでしょうか。

兼原　国交省が本当に有事に自衛隊が使用する民間空港の強化を手伝ってくれるのなら、国交省予算の一部を防衛省予算にカウントしてもいいと思います。隊舎や掩体《えんたい》（航空機や指令所などを敵の攻撃から守る設備）の建設、指揮通信施設の地下化の工事に加えて、民間空港の滑走路延長や港湾建設工事などを至急、行わなければいけません。そもそも国債には建設国債などという名前はついていません。国債で国民から借りてくるお金を防衛省が使えないのがおかしいのです。防衛省が直接国債からの借入金で基地の整備ができるようにしたらいい。国防国債です。予算の使い方について、財務省理財局、国土交通省、防衛省の間で協議を行うべきです。

尾上　空港や港湾の建設・増強に関して、軍事利用を前提に防衛安保の視点から進めていくのであれば、防衛費の一環とすべきだと思います。

最近、岸田総理、安倍前総理の政治的指導力はすごいなと感じたことがあります。「防衛力を抜本的に強化する」と書き込んだ「骨太の方針」をどうやって実現し、工程管理をしていくかという議論が行われたのですが、その中で内閣府の政策統括官から、防衛産業に関して質問がありました。

彼らは毎年、防衛費の使い方や、政策が工程通りに進捗しているかどうかを評価して、工程管理表を作るのが仕事です。これまでは防衛力整備に対する進捗度を見るというより、どうやって防衛予算を効率化するかという観点からしか工程管理はしておらず、増強するほうには関心はありませんでした。

しかし、今回はどうやって防衛力整備を進めて行くかを真剣に検討してくれているのが、よく分かりました。「骨太の方針」で防衛力強化が示されてから、政府全体が動き出しているという印象を受けています。

兼原　「30防衛大綱」以来、財務省が真剣に防衛態勢強化に取り組んでくれているのが大きいと思います。前回の「30大綱」を財政面から取り仕切られた麻生前副総理兼財務大臣や、鈴木俊一財務大臣など政治レベルの目も光っている。

ところで米軍のある関係者が説明してくれたのですが、日本に一番初めにやってほしいのは、自衛隊基地の掩体の整備だそうです。1個7億円から10億円だと言っていましたから、費用はたいしたものではありません。それから、有事には長い滑走路を持つ民間空港をどんどん空けてほしいということです。軍事空港は緒戦で破壊されます。復旧には一定の時間がかかる。米軍の航空機がすぐに空港に降りられないと戦えない。このあたりが台湾戦の緒戦のポイントになると言っていました。

岩田　今、兼原さんが例示されたように、日米共同作戦実行にあたって、日本に対するアメリカ側からの要望と、アメリカ側に対する日本の要求、お互いの不足する能力を相互に補完し合う、こういうやりとりがあって日米の相互運用能力が向上する。その結果が抑止力向上につながるわけですが、アメリカ側の要求は、自衛隊に対するもののみならず、どちらかというと、日本政府・自治体等、行政的側面の要求も多く、実は、それが米軍の能力発揮上、極めて重要です。
速やかに具体化できるよう、日米調整を促進するとともに、それを自治体レベルの措置まで繋がるように、努力する必要がある。中国の侵攻の可能性を考えると、我々にはあまり時間が残されていない。切迫している脅威認識を、自治体も含めた国民全員に持って頂くことが必要と思います。

武居　民生用、軍事用のどちらにも利用できるデュアルユースについて、改めて考えなければいけないと思います。民間空港を延伸して自衛隊が使用できるように手直しするほか、新たに建設する空港や港湾施設などはデュアルユース化する。滑走路を厚くし、港湾であれば大きな船でも接岸できるように、船を繋ぎ止めておく装置を強化することで、いざというときに米軍も自衛隊も使用できるようにしておく必要があります。

もちろん、港湾には輸送艦のエアクッション艇や陸上自衛隊の水陸両用車が自走で上れるように「すべり」を設けておく。

奄美大島の瀬戸内町には、現在も日本海軍が残した飛行艇の「すべり」が残っています。いまはほとんど使われていませんが、日本全国にはこうした海軍の財産が使える状態で結構残っていますし、大半の漁港には漁船の修理のための「すべり」があります。可能であれば、これを陸上自衛隊の使用に耐えられる強度を持たせるように改修すれば、陸上自衛隊の水陸機動団の行動の自由を格段に増すことができます。港湾や空港施設をデュアルユースに改修しても、年間のうち自衛隊が使用する期間は訓練の時などに限られ、普段はもっぱら民間で使用するのではないかと思います。

岩田　そうですね。ウクライナの戦いを見ていても分かりますが、宇宙、サイバー、電磁波やドローンの活用、あるいは地下施設も含めて、国全体の機能をデュアルユースしながら防衛できる体制にすることが重要と思います。日本もそうできるよう、国家安全保障戦略において方針を示し、今後具体化していくような枠組みをつくることにより、日本全体の抑止力が向上していきます。

第6章　国のために戦いますか

国民保護法は機能しない

兼原　いざ戦争というときに真っ先に国民保護の対象となるのは、先島諸島の住民と台湾在住の日本人、中国在住の日本人です。日本本土が爆撃されたときは、本土に住む住民ももちろん対象になります。先島諸島の方々は生活基盤が先島にあるわけですから、ただちに島を出て行けないケースが多いと思います。そうすると避難のタイミングが間に合わない可能性があります。

日本には輸送艦が足りないので、有事が始まると先島諸島からの住民避難に割ける余力がありません。住民の方々は自衛隊と共に島にとどまることになります。そうするとシェルターが絶対に必要です。与那国島の人たちも、「シェルターを造ってくれ」と言っているのですが、玉城デニー沖縄県知事が積極的に手伝ってくれるかどうかです。そこはきちんとやってもらわなくては困ります。

台湾在住の日本人は2万5000人くらいいます。多くがビジネスマンですから、ただちに帰国します。そうした人たちは民間航空機を使ってどんどん送り帰します。1989年の天安門事件の際、北京から多くの日本人を帰した経験があるので、これはやれますが、台湾島は戦争が始まったら激しく爆撃される可能性があります。海上封鎖もかかるでしょう。その段階になると「隠れてください」としか言いようがないし、それしか方法がありません。

中国本土は大きいので全土が爆撃されることはないので案外、安全かもしれません。しかし当局に強制収容されたり、財産が没収されたりする恐れがあります。タイや韓国などの第三国を経由して帰国することはできますが、やはり何人かは人質に取られることも想定されます。人質を取られたら、スイスなどの中立国を使って解放交渉するしかありませんが、まず戦争中は帰って来ないでしょう。

また、日本は中国に10兆円ほどの投資財産がありますが敵性財産として全部、没収されるかもしれません。ですから中国でビジネスを行っている会社は、投資回収をいつも計算して、いざとなったらすべてを捨てて帰る覚悟が必要です。

国民保護法は小泉総理のときに作られた法律です。ロシアの北海道侵攻を念頭に置いたもので、当時はまだ弱かった中国を想定していません。日本有事にしか使えない法律なので、お隣の台湾で戦争が起きたときには発動できないのです。日本領の先島が爆撃されたようなときになって、初めて使える法律です。

衆院議員の長島昭久さんは『正論』（令和４年10月号）誌上で、「国民保護法の制度設計上、武力攻撃事態等が認定されないと自衛隊が国民保護措置（あるいは、緊急対処事態認定における緊急対処保護措置）をとれないのである。いざという時に『事態認定』の壁で自衛隊に国民の命を守る権限が与えられないというのであれば、その『事態区分』とはいったい何のためのものなのか」と指摘しています。つまり、国民保護法を、防衛出動や事態認定などと絡めるのはおかしいのです。

本来なら防衛出動する前に日本人を帰すべきです。長島さんの指摘は正しいと思います。

いよいよ戦争が始まるというとき、一気に日本人を帰国させるための、NEO（非戦闘員退避活動）という措置があります。日米共同作戦になります。戦争が始まってしまえば、米軍の輸送機に外国人（日本人）を乗せて帰るのはすごく大変です。アメリカは自国民の対応に精いっぱいですし、普通であれば外国人は乗せません。「日本人の退避活動は日本でやってくれ」と言われるわけです。したがって、退避に当たっては、前もって米国務省と日本外務省の間で協定を結んでおかなければいけません。そのためには日本側が米国側にトランジットの便宜を供与することが必要です。ギブアンドテイクです。

さらに、退避活動を台湾に認めてもらう必要もあります。残念ですが、こうした作業は台湾とはまだ全然やっていません。

武居　コロナが流行する前は、台湾から毎年500万人が日本に、日本からは毎年

200万人が台湾に行っていました。同じ頻度で航空機を運航したとすれば、在外邦人や外国人の避難者を輸送するために大きなキャパシティがあります。

中国進出企業に〝チャイナリスク法人税〟を

岩田　そこで重要なことは、いかに平時の段階から航空機を使って帰国させるか、そのタイミングです。

たとえば、中国に残留した人たちはどうするのか、です。中国の場合、日本が武力攻撃事態を認定した瞬間に敵対国となり、国交は断絶されるでしょう。すると、民間機の乗り入れができなくなり、在留邦人を救う手立てがなくなってしまいます。この点は、政策シミュレーションの場においても、総理大臣役の小野寺五典議員が指摘されました。

ですから情勢が緊迫してからバタバタと帰国を促すのではなく、今のこの平素の段階から、中国に進出している1万2700社の企業、そして約11万人の日本人を徐々に減らしていくことが重要と思います。経済安全保障推進法において、チャイナリスク低減の一歩が踏み出せましたが、それだけでは不十分で、様々な観点からできる限りのチャイナリスク低減策を進めていくことが、結果的に日本国民を救うことになると思います。

日本企業の中国市場からの撤退に関しては、ここ数年で僅かですが進んではいます。帝国データバンク調べでは、2020年の調査時点から940社減少し、2022年6月時点で1万2706社が進出しています。この減少にはコロナによるロックダウンの影響もあるとされており、チャイナリスクに対する危機感が経済界全体にあるとは言い難いですね。

報道によれば、大手企業のホンダのように、中国から引くとしている企業もありますが、今後も進出を拡大するとしている大企業も存在する。中国に進出するかどうかは企業経営者の意識次第ですから、もちろん政府は強制できません。しかし、事は日本人の命をどう守るかということです。本当に危機意識があるなら、「台湾有事、いざという時は、中国に住んでいる日本人全員をお救いすることはできない、可能な限り逐次撤退を進めて下さい」と伝えておくのがトップリーダーの責任ではないでしょうか。

では、チャイナリスクを下げるために、政府としては、どのような工夫をすればよいか。たとえばですが、中国に進出している企業に対して特別法人税たる〝チャイナリスク法人税〟を課すのはどうだろうかと思うのです。

防衛費を上げるのは、中国を抑止するためです。政府が11万人全員を救出することはとても無理です。それでも中国に残って事業を継続されるのであれば、その企業には特別法人税を払ってもらう。それが嫌なら企業は中国から撤退していってもらう。その結果、チャイナリスクを下げることになります。本書が発刊される頃には、防衛費増額の財源に関しては決定しているでしょうが、〝チャイナリスク法人税〟が含まれていることを期待しています。

それでも何万人かは中国に残ることになるでしょう。すると、２０１０年の尖閣諸島沖での中国漁船衝突事件で、日本企業フジタの社員４人が中国側に拘束された事件と同じようなことが起きる可能性も想定されます。中国に残るとなれば、そこまで腹をくってもらわなければならないのです。

一方、兼原さんも指摘されましたが、台湾には日本人２万５０００人を含めて、約80万人の外国人がいます。早いうちにどんどん帰国させたとしても、どうしても現地に残らざるを得ないという人もいます。その人たちをどう救うか。

今回のシミュレーションでは７０００人が残ったという前提で議論してもらいました。邦人輸送は、米軍が中心となって台湾防衛作戦に支障のない範囲で、多国籍の輸送機を集めて、避難させるという作戦の中で実施することになると思います。

ところが、現在はそれを調整するための枠組みも何もない状態です。とくに台湾総統府との公式な連携が取れない中で、果たしてそれは可能なのかというのが一番の問題です。

同時に輸送力が足りません。ＪＡＬやＡＮＡなどの民間機の数は限られています。その状況では、海上自衛隊と航空自衛隊は、南西諸島に陸上自衛隊の部隊を運んでいる上、先島諸島からも数万人を避難させなければいけません。これが全部、ほぼ同時期に重なった状況の中で、一度に退避・避難活動を実施するのは不可能です。

どの段階で避難民を運ぶのか、限られた空港・港湾能力をどうやって拡張するか、これらの課題を政府全体で至急、検討しなければなりません。

兼原さんの指摘の通り、国民保護法は２００４年にできたもので、有事を基本にしています。しかし台湾有事を想定すると機能しません。有事になる前に、先島諸島の島民に避難してもらわないと間に合いません。台湾有事シミュレーションでも問題になりましたが、国民保護法制を改正して、有事が認定されない中でも保護措置が可能になるような手立てを考えていくべきです。

先島諸島から避難する状況というのは間違いなく有事が近いわけだから、その段階ですぐに有事を認定すればいいというご意見も一部にあります。しかし私はやはり、制度として担保しなければならないと思います。グレーゾーンの段階から避難を始めることを前提にして、制度改革を行う必要があると考えます。いずれにしても、国は台湾有事シミュレーションを実施し、平時・グレーゾーンから有事に至る中で、我が国の防衛、米軍支援、邦人輸送、国民保護、台湾からの避難民支援等の在り方を総合的に検証して、それぞれが確実に隙間なく実行できる体制を構築していくべきです。

中国の意を受けた人間は残る

尾上　私は国民保護も、中国にいる邦人の安全確保についても、津波のときと一緒で、「テンデンコ」だと思うのですね。自分で自分の身を守るという基本的な知識や、危機に対するアンテナの感度を上げておかなければいけない。国や自治体が全部、面倒をみるということではないのです。

自助・共助・公助という考え方からすると、国が公助を一生懸命考えても、それだけでは能力的に難しい部分があります。自助の考え方を、しっかり企業や個人に持ってもらうということが大事だと思います。

毎年9月1日に関東大震災を忘れないために災害対処訓練が行われます。同じように東日本大震災、福島第1原発事故が起きた3月11日を「国民安全の日」と位置づけ、訓練を行ってはどうでしょうか。仮に台湾有事があったと想定して、自分たちの安全を守るために個人、企業、地方自治体、国は何をすべきか。リスクを可視化して、危機管理意識のアンテナの感度を高めておくことは重要です。

岩田　日本には現在、広域避難計画がありません。戦争が始まると、沖縄県の先島諸島から九州、あるいは本州まで避難しなければならない事態になるでしょう。そうした場合、自治体単位で広域避難計画を作るのは無理なので、国が作る必要があります。それを策定して、これに基づいて訓練を行い、どこが不足しているのか検証を行う必要があります。

たとえば、与那国島の空港の駐機場が狭くて、輸送機が数機しか着陸できないとか、港が小さいのでフェリーが着岸できないとか、改善しなければならない点が多々あると思います。制度を変えて、広域避難計画を作り、訓練を行い、検証をして欠陥のあるところを直していくという改革・改善のスパイラルに持っていかない限り、よくならないのです。

戦争が生起した際、全島民が避難することが理想ですが、全ての島がそうならないと思います。避難しない方や、島のインフラを維持する職員や消防、警察は現地に残ることになるでしょう。この方々をミサイルなどから守るためには地下施設が必要です。これを一刻も早く造らなければいけません。もちろん島を守る自衛隊は、自衛隊施設内にて防備態勢をとります。

この際、懸念されるのは、必ず中国の意向を受けた人たちが現地に所在するということです。いくら島から出るように呼びかけても、彼らは残り続けるでしょう。法的な強制力を制度化しないと、彼らに島から外に出てもらうことはできないでしょう。国籍は日本だとしても、管理しなければ、国民保護はもちろん、島の防衛さえ危険にさらされます。

これを管理する主体は、実は総務省であり自治体首長であって、防衛省ではありません。ＮＳＳ（国家安全保障局）がリードして行う必要があります。今のＮＳＳの構成は、外交、防衛、警察と経済の一部で、総務的なメンバーが入っていません。先ほど述べた、国家全体の機能を総合的に活用していくとの観点からも、是非改革してもらいたいものです。

日本人は闘うイメージがないだけ

兼原　総理官邸の仕事で一番大事なことは、危機管理、安全保障です。政府の総力を使った対応になるので、国政全般を統括しなければいけない。だからＮＳＣは、どこの国でもとても強い権限を持っています。しかし、戦後の日本はこれとは反対で、外交、安保などは国政の端に置かれていました。今になって懸命に真ん中にもって行こうとしています。

戦後75年間、安全保障のために国の仕組みの全体をどのように使うかということを、われわれは考えて来ませんでした。安全保障に関わるのは外務省、防衛省を除けば、旧内務省系の4大行政組織、つまり警察、自治（現総務省）、建設（現国交省）、厚生（現厚生労働省）、それと運輸・海上保安庁（現国交省）です。これに財務省、経済産業省、法務省などが加わります。しかし、これらの官庁は、有事に政府全体の総力を発揮するような横の関係をほとんど持っていないのです。GHQによって占領期に政府と軍とを完全に切り離されて以来、安全保障リテラシーが霞が関の主要官庁から極端な形で消えてしまっているのです。これがこの国の大きな欠陥です。

岩田　国民一人ひとりの意識と、有事になったときのギャップがあると思います。

2021年1月に発表された79カ国を対象に行った世界価値観調査を見ると、日本は「もし戦争が起こったら、国のために戦いますか」という問いに対して、「はい」がわずかに13・2％で、「いいえ」は48・6％。「わからない」も38・1％でした。情けないことに、「はい」は79カ国中最下位、「わからない」はトップです。

この数値だけを見ると、落胆しかないのですが、私はこの「わからない」というところに着目しています。４割近い人が「わからない」というのは日本だけで、およそ８割の国が10％以下です。

おそらく日本人は、戦争になったときに自分たちがどうなるのかというイメージが湧かないと思います。「戦いますか」と聞かれると、鉄砲を持って自衛隊へ入って戦えと言われているのかと思っておられるかもしれません。

たとえばウクライナであれば、郷土防衛隊に入って、民間のドローンで火炎瓶を落とすことも、デジタル転換省のチャットボットに自分が撮ったロシアの戦車の写真を送ることも戦いの１つです。その住民情報によってウクライナ国防省は、今、どこにロシアの戦車が来たのかが分かります。つまり、質問にある「戦う」ということの意味が日本人には分かっていないのでしょう。

台湾有事になったら、自衛隊へ入って戦ってくれとは政府も考えていないと思います。たとえば与那国島から避難して来た人たちを町を挙げて支援するのも闘いの１つでしょう。戦争の戦ではなく、闘魂の闘です。先島諸島の島民を民間の船で助けに行くことも闘いです。こうしたイメージが一般の人も分かってもらえたら、たぶん「わからない」が「はい」に変わってくれるのではないかと少し期待しています。

この日本の一般の方々のご認識が不足している部分を、補っていくことも地道ですが必要と思っています。

侵略された国家はどうなるか

兼原　平和安全法制を議論していたときに、一部の人たちが、「戦争が始まったら自衛隊のお父さんは帰ってこない」と、女の子の後ろ姿を描いたポスターを貼って回ったことがありました。私は、国のために命を懸けている人に対して、こんな残酷なことはないと思いました。イデオロギー以前の問題として、人間としてどうかと思います。

ウクライナ戦争を見て「敵が来たら逃げるべきだ」というような主張を未だに聞きますが、逃げたとしても敵に侵略されて首都を取られ、屈服したらどういうことが起きるのか。ロシアの蛮行を見たら分かりますが、まず徹底的に爆撃され、次に進駐軍が入ってきたら、逃げた人は探しだされる。日本の警察も進駐軍の配下になる。見つかって言うことを聞けと言われ、拒否すれば撃ち殺される。米軍のような優しい進駐軍など、あまりありません。

敵の侵入に対して必死に戦う人たちがいるのです。自衛官です。日本の国はこれまで、国の守りに命を懸ける人たちのことを本当に考えてやってきたのかと思います。

官舎はボロボロで戦前のままだし、給料だって消防士とか警官より安いのです。トイレットペーパーは自分で買う。女性職員も増えたのに女風呂がない。しかし、戦争が起きたら戦場に行き、何万人も死んだり負傷したりして帰ってくるのです。そのときに政治家や国民が「お父さんは立派だった」と言ってくれるのか。それが出来なければ、日本は勝てるはずがない。勝つ資格がない。もう一度、国民の意識をまとめるリーダーが要ると思います。

尾上　ウクライナ戦争を見て、国民の意識がどう変わるのか、私は注目しています。危機感を持って戦わなければいけないという意識を持つ人が増えると思います。

一方、橋下徹さんのように、オピニオンリーダーの中には「戦ってはいけない。逃げるのが一番だ」ということを強く主張する人もいます。いろいろな意味で考え方が二分する可能性はあります。

しかしながら、国を捨てて逃げてしまったら帰って来るところがなくなるわけです。どういう状態になるのかということを分かりやすく、国民にメッセージを発する必要があります。一人ひとりが「自分の身は自分で守る」ということに加えて、国を守ることの意識を持ってもらうことが大事です。

日本は第二次大戦で無条件降伏をしましたが、国民には負けたという意識があまりありません。「GHQによる占領は、辛く、いやなこともあったけれども、戦争から解放してくれた。民主主義や憲法をもたらしてくれた」という甘えた意識、もしくは意図的に植え付けられた意識があるからだと思うのです。

アメリカによる占領政策と、中国やロシアによる占領政策とは、まったく違います。ロシアに関して言えば、8月15日の無条件降伏後に満州や北方領土に攻め込んで来ました。そしてシベリアに日本人を抑留し、6万人が亡くなった。また、中国が香港で行ったような、市民の自由を剥奪して厳しい管理下に置くようなことが、日本でも起きるということを認識する必要があります。その上で、国を守るために戦う意味とは何かを考える必要があると思います。

兼原　日本政府は有事の訓練などやったことがありません。毎年、訓練をして、問題点はどんどん直していかなければいけません。ところが、そんな訓練をすると「戦争の準備をしている」と言われて批判されてしまいます。それで政府の腰が引ける。それが問題なのです。本当に有事になったらどうするんだと、国民のことを考えている政治家はあまりいない。安倍総理などは稀有の人です。

武居　政治的妥当性が軍事的合理性に勝っているのが、この国の安全保障政策です。つまり、政治が嫌がることはやらないのですね。

一度も書いたことがない対処基本方針

兼原　事態認定というのは、そもそもおかしな仕組みです。これはどんな事態なのかを決定してから、集団的自衛権を行使するのか、個別的自衛権の行使なのかを決め、あるいは、対米後方支援だけなのかが決まり、それに準じて自衛隊の出動が防衛出動なのか、対米後方支援のための出動なのかが決まります。それから、防衛省外の関係する官庁が特定公共施設の使用とか、交通機関の使用とか、電波の使用とか、戦時に文民政府の方で担当しなくてはならない業務を整理して、総理が主宰する武力攻撃事態等対策本部で「対処基本方針」を作って、閣議決定のために内閣に持っていきます。本番の有事では使えないような悠長な仕組みで、しかも、これまで一度も「対処基本方針」策定を練習したことがないのです。

我々が行った台湾有事シミュレーションで一番困ったのは、防衛大臣役から「今すぐ防衛出動を閣議決定せよ」と言われても、他省庁がついて来られない。「他の省庁を説得するから朝９時まで待ってくれ」というような状況が起きたことです。自衛隊としては一刻も早く飛び出したいのはやまやまでしょうが、一度も練習したことさえない他の官庁がついて来られません。政府全体の方針を決めないと、自衛隊は動けません。ところがこの「対処基本方針」を作る練習すら、日本政府は一度もしたことがないのです。

尾上　国として、「こういう事態が起きたときには、こういう基本方針で対処する」とさまざまにシミュレーションをして普段から作っておかないと駄目ですね。政府全体の危機管理機能を運用する能力を高めておく必要があります。

兼原　シミュレーションをやるとよく分かるのですが、実際に有事が発生すると、「何者かがどっと尖閣に上がってきたぞ。警官と海上保安庁の職員が殺害されたぞ」という情報がいきなり飛び込んできて、その瞬間から官邸の指示が飛び交い始めます。「至急、対処基本方針案を持って来い！」「30分後に閣議決定だ！」「バイク便で持ち回って花押《かおう》をとってこい！」と大騒ぎになります。実際には情報も時間もない中での決断になるはずです。

ところが現状では「これは何事態だ？」「情報が足りないから分からない」「対処基本方針は？」「ありません。今から担当省庁と協議します。朝までかかります」という感じです。恐ろしく悠長な感じがします。長い太平の世の間に、有事に際して日本はまったく動かない国になっているのです。

「何人が死ぬのか」

尾上　実際に戦闘地域になるところに民間人がいると、作戦に支障をきたします。安全を確保し、脱出する計画を立てておいて、避難できる能力を構築しておく必要があります。

一方、自衛隊だけで作戦を進めることはできません。輸送力、壊れた戦闘機の技術的なサポート、ロジスティックス、水道・ガス・電気のインフラを提供してくれる民間の人たちがいてもらわないと困るのです。危険な戦闘地域であっても、リスクを負ってサポートしてもらう仕組みを作っておかなければなりません。

もう1つは、原発と同じように、日本には国に対して安全神話があります。だから何か起きたときに、どういう手順で対応するかという、本来はやっておかなければならない手続きが全然できていないのです。台湾有事や北朝鮮のミサイル発射といった危機に際して、安全を確保するためにどうするかという議論と訓練をしておく必要があります。

政府は「ちゃんとやっているから安心してください」と言うのですが、安心で安全は確保できないのです。むしろ「頑張って安心は提供するけれども、できないところはあります」と、率直に言うべきです。国民は肌感覚でそれが分かっていると思います。

安全を提供するためには、増税も含めて、民間空港や港湾の能力を一気に高めることが必要です。国民を説得して、きちんと理解してもらうことが大事だと思います。

兼原　今の制度を運用していく上で、今回のシミュレーションで分かったことは、国民保護は事態認定に関係なく、必要なときには自衛隊の保護活動がすぐに行えるように仕組みを変えるべしということです。事態認定というのは国民や諸外国政府に説明できる材料さえあればよいのです。あとは自衛隊が要請を受けて、バッと出ればいい。

それでも、自衛隊はいきなり作戦行動に出られません。まず招集をかけて、武器を運ぶといった事前作業がたくさんあります。平時には砲身の長い大砲を運んではいけないとか、戦車は道路を通ってはいけないとか、法律でがんじがらめにされています。防衛出動下令以前に戦闘の準備活動が迅速にできるフェーズを作らないと戦うことはできません。予測事態を柔軟に使うことが重要だと思います。

さらに戦争は後半戦まで考えておかなければいけません。どのくらいの兵力を損耗するのか、医師や病院をどう準備しておくか、あるいは負傷した自衛官の退職後の仕事や年金、死亡した場合の遺族への手当てに至るまで、きちんと整備しておかないと、だれも戦わなくなってしまいます。そうしたことも、真面目に考えておかなければばいけないと思います。

そして、実際の戦争において、総理の判断は極めて重要です。島が奪われそうになったときに、自衛隊を退却させるのか、死守を命じるべきか。判断が遅れたら、数千人から数万人の自衛官、国民の生命が失われてしまうことを理解すべきです。安倍総理は、かつて統幕長がキーンエッジ演習（自衛隊と在日米軍による日米合同指揮所演習）の説明に上がった時、「自衛官は何人死ぬのか」といきなり尋ねられました。それだけ総理の決断は重いのです。

第7章

もし、中国が日本に戦術核を使ったら

米中の核戦力はパリティになる

尾上　中国は400発の核弾頭を持っていると言われていますが、明らかにこれを増やそうとしています。2021年のアメリカの中国軍事レポートにおいても、2027年で700発、2030年で1000発ぐらいを持つのではないかという見積りに、大きく上方修正されました。

また、原子力潜水艦発射型、いわゆるSLBMの射程を延ばすために「巨浪3」というミサイルの開発を進めています。これが開発されると南シナ海から米国本土を射程に入れるミサイルを保有することになります。一方、内陸部では3カ所でICBM（大陸間弾道弾）のサイロ建設を進めていて、東風41号（DF‐41）という新型のICBMが配備されるのではないかと言われています。DF‐41が中国内陸部に配備されると1万2000キロから1万3000キロの射程がありますから、アメリカ本土の主要都市がすべて入ってしまいます。明らかに中国は、アメリカとの「相互確証破壊」（相手から核の先制攻撃を受けても、耐え難い損害を相手に与えられる核報復能力を持つことで均衡を維持すること）の体制に持っていこうとしているのだと思います。

中国は、ウクライナでプーチン大統領が行ったようなエスカレーション抑止（核保有国が核戦争への拡大を恫喝に使って、相手に戦闘停止を強いる抑止の方法）をしてくる可能性があると考えられます。これにどう対抗するか、日米でしっかりと議論し、日米が同じコンセプトを持っておくことが極めて重要です。

仮に核の恫喝が使われたとしても、日米共同で拡大抑止を効かせつつ、通常戦において航空優勢を確保するという戦い方をしなければならないと思います。しかし、今のところホワイトハウスは戦い方の結論を出しておらず、中国本土に対する攻撃を「待て」というかもしれません。米インド太平洋空軍は現在、それを前提に、台湾海峡を侵攻してくる船を撃沈するという戦い方をセオリー・オブ・ビクトリーにしているというのは、先に述べた通りです。

これでは最初の中国のミサイル攻撃やドローン攻撃をひたすら耐え忍ぶという形にならざるを得ません。それにどう対応するか。やり方はいろいろありますが、日本としては抗堪性を高めるとか、分散配備をするなどの対応措置を喫緊に行う必要があります。その上で、米軍と一緒になって、被害を局限するためにはどのように戦いを持続するか、模索しなければなりません。

岩田　中国は今の米ロと同じような相互確証破壊の体制に持っていくために、戦略核のパリティ（均衡）を目指していることは間違いありません。

「防衛白書」によると、ＤＦ‐41は、すでに24基配備されているようです。先にも述べたように、ICBMの投射手段はアメリカが400基、中国は106基配備していますが、内陸部に地下サイロを造っている模様です。したがって、弾頭数も地上発射型のものも、ほぼパリティの状態になりつつあります。

米中の核戦力がパリティになったという前提で、いかにしてわれわれは抑止力を高めるかという議論を行う必要があるというのは、まさにその通りです。

その中で問題なのは、中距離の弾道ミサイルの数が完全に中国が勝っていることです。アメリカの中距離弾道ミサイルはゼロなので、これから作る方向性にあると思いますが、この中距離弾道ミサイルのギャップに関する議論は欠かせないと思います。

政治が核議論を封殺

兼原　アメリカも中国も、プーチン大統領がウクライナを侵略して、核で恫喝するという事態など、まったく考えていませんでした。これまで国連安全保障理事会の常任理事国（P5）は、責任ある大国であって、そういうことはしないという前提でしたからね。

しかし、そのP5の一人であるロシアが白昼強盗を働いたわけです。そしてお巡りさんのくせに拳銃を撃つぞと言い始めた。台湾有事になったら中国も同じことをやるかもしれない。日本は中国の核の恫喝に耐えられるのか。アジアにはNATOのような軍事機構がないので、主力の日米同盟が崩れたらアメリカは戦えません。

中国が日本の総理に対して「米軍に在日米軍基地を使わせるな。日本は絶対に台湾戦争に入って来るな。自衛隊が入ってきたら核を撃つぞ」と言って脅したとき、日本の総理大臣は何と言うのか。「アメリカの大統領に電話しました」とでもいうのか。アメリカに頼るだけでは無責任だと思います。安倍総理は核の共有を言いましたが、勇気があったと思います。

私はこの前、広島テレビに出演しました。私一人だけが「核の共有は必要だ」と言っていたのですが、驚くことに、広島の世論調査なのに25％の人が核共有に賛成なのです。広島ですよ。国民意識が本当に変わってきているのだと思いました。

どうすれば中国の核の恫喝に対抗できるのかということを、具体的なノウハウと一緒に国民に説明できるようにしなければいけないと思います。国民の命を守るという安全保障の本義を忘れて、「非核三原則は国是だ」というようなことを言っていたら、国体護持のスローガンの下で300万人が落命した戦前の過ちを繰り返すことになりかねません。核の議論は安全保障の一丁目一番地です。核の議論を封殺するのは間違いです。国民にはインフォームされる権利がある。それを封殺したらファシズムと同じになります。

実際のところ、核共有は難しいですが、日本の防衛力強化、抑止力向上は喫緊の課題です。日本が100発の巡航ミサイルを配備したとしても、中国は広大なので、怖いとは思わないでしょう。中国は日本を狙えるミサイルを1600発持っています。ですから、もし日本が極超音速のミサイルを2000発配備したら、体感的に怖いと感じると思います。そうしたことを日本はやらなくてはいけないと思うのです。

岩田　日本が核の議論ができないのは、安倍総理が言った「戦後レジームからの脱却」ができていないためです。今回のシミュレーションで出てきた問題点の1つが、政策決定に関わる者の専門知識の欠如と理解の深化がないということでした。一般国民も核を理解している人は少ない。だから、何かあったときパニックになってしまうのが今の状況です。

平素からあらゆる機会を通じて、国民の核に関する理解を広めなければいけないと思います。日本がアメリカに期待することと、アメリカが日本に期待することをしっかりと調整した上で、最終的に首脳レベルで核の傘を担保すべきだと思います。

安倍総理はこれをしっかり進めるために、亡くなる前に米国との核の共有の話をされたのだと思います。核共有の話が出た直後、TBSが行った世論調査によると、「核共有に向けて議論するべき」が18％、「核共有はするべきではないが議論はするべき」が60％でした。合わせると「議論すべきだ」というのは78％です。産経新聞は「核共有に向けて議論すべきだ」が20・３％、「核共有はすべきではないが、議論はすべきだ」が62・８％。合計すると「議論すべきだ」は83・１％ありました。どちらの調査にしても、国民の８割が議論したほうがよいという意見なのです。

ところがその直後、自民党内における議論で、自民党国防部会の宮澤博行会長は「議論はしない」と言って、たった1日で議論を終わらせてしまいました。これは民意を無視しているし、今後のことを考えれば、何も話ができていないというのは大変、問題だと思います。

中国が与那国島で核を使ったら

岩田　核共有には、いろいろな議論があります。たとえば、ＮＡＴＯのように米軍の核爆弾Ｂ61をＮＡＴＯ諸国（５カ国）の基地に置いて保管する共有の方法があります。これを日本に適用すれば、空自のＦ‐35を三沢基地に置いて、米国の核爆弾を米軍三沢基地に置き、有事に米国大統領の許可の下、空自のＦ‐35に核爆弾を搭載して核攻撃を行う形態です。

これは、核弾頭を常時国内に備蓄することに対する大きな政治的ハードルがあります。また軍事的には、即応性に限界があります。日本から飛び立つF‐35が北朝鮮や中国上空に達するには1時間以上かかり、核弾頭搭載に必要な時間も更に考慮する必要があります。さらに、中国の防空網突破に課題が残る上、F‐35が離陸する前に三沢基地が中国のミサイル攻撃を受ける可能性を考慮する必要があります。これらを考えると課題が多い上に、抑止効果があまり期待できないと思います。

もう1つの共有の形態は、英国のように、核搭載の原潜4隻を日本が保有し、このうち1隻が常時哨戒任務を持ち、いつでも反撃できる体制をとるようにしておきます。搭載する核ミサイルは、米国製でこれを日米が共有します。核ミサイルの運用は米海軍、原潜の運用は海自です。原潜の建造は、オーストラリアが豪英米3カ国で共同計画している「AUKUS（オーカス）」の枠組みを日本にも適用し、「日豪英米　JAUKUS」の枠組みで実施します。

もちろん、この方法には反対意見もあります。たとえば、予算的に莫大過ぎるということや、海自の任務が過重となり、在来潜水艦による中国の潜水艦対応に課題が生ずるという点、さらに放射性廃棄物の処理や保管等の核燃料管理において大きな問題が生ずるという点です。

私は、核共有をしなくとも、横須賀などに米国の原子力潜水艦が一時的に寄港することは一定の抑止効果があると思っています。しかしながら、米海軍、ペンタゴンを含めてアメリカの核コミュニティには、そうした考えがないと聞いています。原子力潜水艦から発射する核弾頭は、相手国からみて戦略核弾頭なのか戦術核弾頭なのかの区別はつかないため、わざわざアメリカの核搭載原子力潜水艦を安全なアメリカ近海から中国近くに移動させる意義がないとの見解です。

茂木敏充幹事長が2022年3月6日に述べられた（核共有の基本的な考え方は）「物理的な共有ではなく核抑止力や意思決定を共有する仕組み」というのは価値がある考えだと思います。ポーランドは、核使用を想定した米軍やドイツ軍などの訓練に参加するとともに、作戦や意思決定過程を共有していると聞いています。平時から有事にわたるエスカレーション抑止作戦を日米で計画的に管理できる体制を作るため、日米共同作戦計画への反映、および日米拡大抑止協議の内容・要領・参加範囲を拡大・強化する形は、速やかに実施できるでしょうし、実行すべきです。

いずれにしても、核について国民的にも議論をしなければ、前に進むことはできません。しかし、それすら行えないのが今の日本です。考えることすら完全に止まっているのです。国民も望んでいる議論をなぜ与党が止めるのか。非常に問題だと思います。

兼原　台湾有事に関して、アメリカで主流となっている考えは、「戦争で核を使用することはない」というものです。アメリカの戦略的プライオリティは、米中全面核戦争の回避です。だから、発想のベースは全部、通常兵器によるものです。

では、中国が与那国島や台湾の離島で戦術核を使ったら、あるいは使うと恫喝してきたら、われわれはどうするのでしょうか。

この備えがゼロなのです。

今回、ウクライナの教訓の1つは、アメリカが戦略核を持っている国に対しては非常に慎重になるということです。そのために「ロシアには攻め込むな」ということになって、ゼレンスキー大統領には気の毒ですが、戦場がウクライナに限定されています。もし台湾や日本が戦場になったとしても、アメリカは中国に本格的に攻めて行くことはないでしょう。中国が核を持っていなかった朝鮮戦争のときでさえ、アメリカは中国本土には攻め込みませんでした。アメリカからは、おそらく「通常兵器で勝てるから心配するな」と言われてしまうと思います。

中国に戦術核を撃たれたら、たとえアメリカが最終的に勝ったとしても、日本はボロボロになるのです。逆説的ですが、日本としては十分な抑止を効かせるために、米国の方から「米中核戦争を始めたくなかったら、絶対に核は使うな」と言ってほしいと思います。そのくらいは言ってくれないと困る。本当は、「日本に戦術核兵器を使ったら、アメリカも戦術核兵器を使う」と言い切ってほしいのですが。

１００万人の命を審議官クラスが握る

兼原　日本は独自核武装はできませんから、アメリカの核の傘を実体あらしめて、その信頼性を向上させることが必要です。しかし「日本に核を持ち込んでくれ」「海洋核を復活しろ」などと日本側から持ちかけなければ、アメリカは絶対に動きません。ところが非核三原則を掲げる日本は何も言わず、ひたすらアメリカの核の傘を信頼するというだけで「ぼーっ」としているから、「お前はいい子だな」とアメリカに頭をなでられているのです。ドイツは冷戦当初から戦術核を大量にアメリカに持ち込ませた後、その配備、運用についてまでアメリカにうるさくしがみついて、ＮＡＴＯ核を実現したわけです。

今度、アメリカが作る地上配備の中距離ミサイルの射程は数千キロになると思います。日本も独自に中距離ミサイルを配備していきますので、日本にもアメリカの非核弾頭中距離ミサイルは導入されると思います。その中距離ミサイルに核弾頭を装填して陸上に配備するところまで日本政府が認めれば、「いつミサイルを撃つのか。勝手に撃つな」という議論がアメリカとの間で始まります。日米同盟が、事実上の核同盟に次元を移していきます。そうなると核戦略を中心にして日米の作戦が一体化していくはずです。

中距離核はアメリカから撃っても中国には届かないので、中国に近い場所に持って来ることになります。韓国か、日本、あるいはフィリピンです。

韓国は核に対するアレルギーが少ないので、「日本より先にうちに核を入れてくれ」と積極的に言う可能性がある。そうすると米韓同盟は日本より先に核同盟になります。そのとき日本が米戦術核の受け入れを拒否すると、「ならば狙うべきは日本だ」と中国が思う可能性があります。

本当にアメリカが台湾有事を核で抑止しようと思うのであれば、台湾に核を持ち込むのが筋です。今のアメリカはそういうことは考えていませんが、もしそうなれば台湾海峡に核対峙の下の冷たい平和が実現します。そこで、日本だけが米国戦術核の受け入れを拒否していると、中国は「日本だけは核を撃っても大丈夫だ」と思うかもしれません。

NATO核は上空からバラバラと落とすタイプのものです。NATOは戦場が欧州大陸なので、大量の赤軍の戦車が攻めて来ると思われていたから、そういう核兵器が有効だったのですが、日本は島国なので、戦車の大軍の来襲はない。私はむしろアメリカの攻撃型原子力潜水艦に戦術核を積んで寄港してもらうのが一番いいと思います。ただし、その場合、米軍は沖に出てから核兵器を撃ちますから、日本との核協議はありません。

トランプ大統領は海洋核の復活をやると言ったのですが、バイデン大統領は海洋配備の中距離核ミサイルの開発はやらないと言っています。「それで本当に日本の安全を守れるのですか」と文句を言った政治家は今のところ一人もいません。

また、核協議はどこの国でも最高指導者が行いますが、日本は各省の審議官クラスです。それもつい最近になってからで、それまでは課長クラスがやっていました。これは恥ずかしいことですよ。韓国は次官クラスがやっています。国民が100万人も死ぬかもしれないという話を審議官クラスの官僚に任せていてはいけません。最高政治指導者たる総理大臣がやるべき話です。

日本への戦術核攻撃にアメリカは

武居　2022年6月の議会証言の中で、米戦略軍のチャールズ大将が、潜水艦発射の戦術核ミサイル、TLAM／N（核トマホーク）の配備を進めなければいけないという話をしました。アメリカで今、問題になっているのが、デターランス（抑止 deterrence）とアシュアランス（保証 assurance）が十分にできていないということです。それを戦略軍司令官が認めたことに驚きました。同盟に関する核の傘、つまり拡大抑止力の保証が十分ではなくなっているという認識を示したからです。

私はワシントンDCのシンクタンクを訪問したときに、「非戦略核戦力のギャップを埋めるために、米海軍は核トマホークを持つべきではないか」と尋ねてみました。すると2つ答えが返ってきました。

1つ目は装備や運用も含めて戦術核の保有は様々な面で煩雑な業務を増やすことに加え、そのための教育訓練や維持費用がかさむというものでした。米海軍は維持修理のための予算が十分ではなく、弾薬も予備品も十分とは言えない状態にありますから、新たな負担をなるべく回避したい。これは海軍の本音でしょう。

2つ目は、米シンクタンク戦略予算評価センター（CSBA）の上席研究員、トシ・ヨシハラ氏が指摘したのですが、問題になっているのは保証であるということです。

兼原さんが指摘された通り、政治のトップレベルで核の保証をどうするか、きちんと確認すべきだと思います。もし戦術核ミサイルの開発が進まないのであれば、拡大核抑止力の再保証（reassurance）を日米で機会ある度に行うことです。

兼原　アメリカはNPT（核拡散防止条約）を作って以来、敵の抑止と同盟国に対する安全の保証をセットにしてきました。念頭にあったのがドイツです。「絶対にアメリカが核で守ってやるから、お前は核を持つな」ということです。

しかし、アメリカが「俺を信頼しろ」と言っても、その信頼は本当に確立しているかどうかが問題なのです。核を持っているほうは「大丈夫だ」と軽く言いますが、持っていないほうは、ドイツがそうであったように、すごく心配になります。賢いドイツ人は「アメリカは勝手に核兵器を撃つのではないか」「撃つべきときに撃たないのではないか」と思うのです。日本でこうした問題が起きなかったのは、アメリカを100パーセント信頼するという心理が政府、国民にずっとあったからです。また、広島、長崎の原爆投下、第五福竜丸被曝事件があり、国民の核アレルギーが強く、政治の場に核問題を持ち込むことに大きな躊躇がありました。

しかし台湾有事が現実味を帯びて来て、「アメリカの核の傘は本当に大丈夫なのか」とわれわれは考え始めました。今の日本人が「アメリカの核の傘を100パーセント信頼しているか」と聞かれたら、けっこうたくさんの人が「そんなことない」と答えると思うのです。

日本が中国に戦術核を使用されても、アメリカはまず戦術核で反撃することはありません。核のエスカレーションラダー（危機がどんどん深刻化するハシゴ）を上がらないように、通常兵器で押し切ろうとします。そうすると、日本は中国の核でやられ損になります。

岩田　仰る通りだと思います。今回のウクライナ戦争でも、アメリカは、ロシアが戦術核を使った場合、通常戦力で、ウクライナ国内のロシア軍と黒海艦隊を撲滅するとロシアを牽制しています。

ドイツの核武装論に学べ

尾上　私もその通りだと思います。実際、プーチン大統領が核を使う脅威というのは、確率的にはそれほど高くないけれども、否定はできません。では、使われたときにアメリカはどう反応するのかというのが、台湾有事での試金石になります。

これまでの報道ベースで考えると、通常戦力でロシアの黒海艦隊を潰すとか、ロシアの戦略的な基地を徹底的に叩くというオプションが、可能性としては一番高いと思います。

相手が戦術核を使っても、「アメリカはエスカレーションラダーを上げないぞ」という意思を示して、核戦争に至らないような判断を行うと思います。それは間違いなく、中台紛争でも同じような判断が下されるでしょう。

先ほど抑止と再保証の話がありましたが、結局、中国が核の恫喝なり核を使った場合、アメリカは核を使って反撃するかどうかを「中国がどう認識しているか」が重要です。中国が、アメリカは確実に拡大抑止を実行すると判断しているのであれば、われわれにとって安心材料になります。しかし、アメリカはウクライナで示したように、拡大抑止といっても実際には核を使った反撃はして来ないと中国が思った瞬間、抑止も保証も効かなくなってしまいます。

われわれは、中国がどのように判断するかを常に念頭に置いて、アメリカとの拡大抑止の信頼性を高めていく努力をしなければならないということです。

そう考えると、韓国が行っている拡大抑止協議と、日本がアメリカを信頼して、今のレベルにとどめてきた拡大抑止協議は、雲泥の差があります。少なくとも協議を閣僚レベルに上げて、具体的に踏み込んだ議論を行わなければいけないと思います。

アメリカの核反撃、あるいは通常戦力での反撃の具体的な手順や配備、核戦力の更新計画など、「一部の経費を日本が負担するから、その代わりに口も出させてほしい」と言って突っ込んだ議論をすべきです。場合によっては、その議論を中国に見せつけるようなアプローチも必要ではないかと思います。
中国は核戦力と通常戦力を、「核常兼備」という形で運用しています。日本が反撃力を持つと、たとえ通常戦力を狙った反撃であっても、中国は核戦力に対する攻撃とみなすかもしれません。従って日米共同計画は不可欠です。拡大抑止協議において日米共同計画を協議し、通常戦力から核戦力まで日米が一体となった抑止力を構築していくことが重要です。

兼原　アメリカがドイツにNATO核を渡したり、ドイツへの核の保証をどうするか、真剣に考えたりするようになったのは、ドイツの核武装が怖かったからです。抑止、保証の議論は、要するに「アメリカが核の傘を提供するから、お前は持つな」というディール（取引）ですが、アメリカの核の傘が弱くなったら、ドイツは核武装しても仕方がない。だからアメリカは、核の傘の信頼性確保に真剣になるのです。
日本のように、「私の核武装は絶対にありません」などと自分から言ってしまうと、「じゃあ、日本はそのままでいいな」という話でアメリカも終わってしまいます。「自分のことは自分で守らなければならない。いざとなったら核武装しなければならない」というくらいの腹を持っていないと、アメリカは日本のことを真剣に考えません。だから、日本の方からきちんと核の話をするべきなのです。

日本の核兵器製造能力

岩田　国民に対して、政府は日本の核についてどう考えているのか、戦略を明示しなければいけません。われわれが本気度を示さなければ、アメリカも真剣にならないし、中国に対して抑止力になりません。

私は、今、日本が速やかにやるべきことが4つあると思っています。

1つは、核を撃たれたときに、そのミサイルを迎撃する防空力の部分です。専用艦などにレーダーと発射装置を備えるイージスフロートが現在計画中ですが、これを含めたミサイル防衛網の構築を急がなければいけない。

2つ目は、アメリカに核抑止の信頼性強化を強く要求し、そのための方策の1つとして、日本はどのような形でアメリカと核を共有するか協議することです。協議すること自体が、中国に対する抑止力になります。協議の結果、武居さんが指摘されるように、再保証だけになったとしても、信頼性は強化されます。

先ほど述べたように、共有の形態については、さまざまなオプションがあります。これらの議論を通じて、国民意識を高めていく手順が必要です。

3つ目は、核を撃たれた最悪の場合においても、国民の被害を最小限に抑える備えが必要です。ヨーロッパはどこの国もシェルターを持っていて、ウクライナもシェルターで国民が生き延びています。しかし日本の場合、普及率はわずかに0・02％しかありません。やっと整備に向けた動きが出てきましたが、早くそれを進めることです。

4つ目は、中国に対して、日本は核戦力増強に対する反対意見を言い続けることです。そのために、北東アジアに米ロ中3カ国によるINF（中距離核戦力）全廃条約の締結を提言すべきです。実現するのは極めて困難だと思いますが、努力を惜しんではいけません。「中国、ロシアが拒否して締結できなかったのだから、やむを得ず、日本はアメリカと核共有したのだ」と主張すればいい。

この4つのフレームを実行して行く姿勢を示さなければ、いきなり核共有だと言っても反対されるだけです。

尾上　先ほど日本はINF全廃条約の締結に努力せよという話がありましたが、やはりNPTの枠組みを再活性化する努力を続けていく必要があると思います。今回の国連のNPT再検討会議（2022年8月26日に閉幕）が最終的に合意に至らなかったのは、ウクライナをめぐってロシアが反対したからです。その中で中国は、さまざまに日米に対する批判を展開しました。

日本はこうしたことに対してきちんと反論し、急速に核軍拡を進め、軍備管理に後ろ向きな中国に対する批判的な国際世論をまとめあげていかないといけない。その意味でNPTの中で日本がしっかりと役割を果たすということを、岸田総理の最優先の課題にしてもらいたいと思います。

もう1つは、核兵器製造の潜在的能力の保有です。日本はこれまで非核三原則を守ってきました。しかし、「核を作ろうと思ったら作れるのだ」と政治家は認識していました。田中角栄は周恩来に「日本は核を持とうと思ったら作れるが、敢えて作らないのだ」と言っています。その能力をずっと維持することが、日本自身の暗黙の抑止力でした。原子力政策もそれを踏まえたものでした。

アメリカもロシアも中国も、放射性物質と原子力に関わる技術、運搬手段の3つがそろえば、日本はいつでも核兵器を作れると考えているはずです。日本が潜在的な能力を維持することは非常に重要です。

福島第1原発事故が起きて以来、多くの原発が再稼働できない中で、原子力技術に関する基盤が徐々に失われつつあります。これは非常に大きな問題です。原子力技術の保持は核抑止となるという文脈と、脱炭素、安定的な電力供給といった観点から、今一度総合的な原子力政策、戦略を立てる必要があります。

武居　4年以内に日本は何をすべきかを考えてみると、日米が具体的な抑止の方策について協議することが実効性を高めることになると思います。

中性的な議論ではなく、具体的なシナリオに基づいた脅威対抗型の協議を行うべきです。日本が核攻撃をされたときアメリカは核兵器を使うのか、相手が通常兵器で攻撃をしてきたときにアメリカは核を使うのか、そういうことを政治家同士で話し合い、可能な範囲で国民に知らせ、戦略的に発信していけば国民には安心感を与え、同盟の抑止力を高めることにつながります。そうした努力を繰り返していくべきだと思います。

兼原　今の40代、50代ぐらいの政治家は、ずいぶん、安全保障問題に詳しい人もいますよ。彼らは「新しい日本人」です。彼らが高い安全保障リテラシーを持ってくれれば、日本は一気に変わると思います。

シニア世代のリベラルな人たちは、核の議論をすること自体が良くないことだという、変な思い込みをしています。しかし、国民世論が変わり、現実主義的な議論が深まると、無責任なことを言っていると選挙に負けるという話になります。そうなると政治家は動きます。国民世論だけが彼らを動かすのです。

第8章

4年以内に必要な継戦能力

「会社の評判を落とす」と日陰者扱い

岩田　安倍総理は、憲法で直すべきところは直し、これまでの自衛隊に対する認識を変えようとしてくれました。政治家は結果を出してこそ、初めて政治家だと言えると思います。安倍総理は「戦後レジームからの脱却」を半歩前に進めましたが、その意味で真の政治家だったと思います。

しかしながら、自衛隊はまだまだ違憲扱いされていて、いろいろな場面で、つまはじきにされている面が残っています。それは防衛産業でも同じです。ある大企業の中で「防衛部門」は、日陰者扱いの側面が残っています。ある会社は、いまだに「防衛事業部」と名乗ることすらできません。

その会社が昔、防衛装備製作に関し、社外広報しようとしたとき、トップが「防衛装備を作っていると言うと会社の評判を落としてしまう。うちはきれいなものを作っているのだから、静かにしておけ」と言ったそうです。そのような会社がまだ実在するのです。ただ、その会社も２０２３年春には、防衛事業部へ名称変更すると聞いています。

国家安全保障戦略などの改定に向けて、２０２２年４月に自民党安全保障調査会が出した提言では、防衛生産・技術基盤は「防衛力そのもの」であると位置づけられました。２０２２年5月の自民党経済成長戦略本部が出した「新しい資本主義」の提言でも、防衛生産・技術基盤は「『防衛力』そのもの」であると位置づけられています。これはとてもありがたい話です。やっと防衛産業も普通の扱いをされたと喜んでいると聞いています。

ただ、言葉だけではなくて、法整備や制度、資金面なども含めて、防衛力そのものであるという形に持っていかなければなりません。防衛産業に対し「利益率は抑えて、儲けてはいけない」とするのではなく、パートナーとして、共に世界に誇れる技術研究開発を行える関係にしていかなければならないと思います。世界を凌ぎ、世界の最先端を行く技術開発の結果として、日本の抑止力が高まります。企業は、儲けた資金で、さらに高い技術開発にチャレンジできるし、そのような枠組みに変えていく必要があります。

その防衛産業の努力が、防衛力を高めることに直結し、それだけ責任が重いということも明確にすることにより、企業の意識も「本当に我々企業を防衛力だと認識してくれている」と変わってくると思います。そしてそれが企業の誇りとなり、会社求人の際にも、「我が社は防衛装備品を製造しています」と堂々と宣伝するようになるでしょう。

この4年間で真に戦える装備を作るために、企業は大変忙しくなるでしょう。増産するとなると、工場を増設してラインを組み立て、技術者を新しく集めて、教育するのにも時間がかかります。一番困るのは、ようやく開発して、製造ラインが動き始めた途端、「中止」と言われてしまうことです。過去にはそういうことが実際にありました。

施設整備や土地の取得を国が資金面で支援する、部分的な国有化を検討する、何か問題が起きた場合の補填の仕組みなど、防衛産業が安心して生産体制に移れるように、国として体制の整備を促進する必要があると思います。

5000億円が民間企業の技術者に1銭も回らない

兼原　NSC（国家安全保障会議）ができる前の安全保障会議（1986年設置）の時代から、安全保障会議設置法には、国の任務として「防衛産業大綱（産業等の調整計画の大綱）を定めよ」と書かれています。ところがこれまで一度もそれは書かれておらず、誰も作ったことがありません。そもそも防衛産業は日本の安全保障の基盤なのだから、防衛産業大綱がないというのがおかしいのです。

第二次安倍内閣でNSCに切り替わってからも書かれたことがありません。防衛産業を所管するのは、防衛装備庁と経産省製造産業局航空機武器宇宙産業課です。経産省と防衛省は結構仲が悪いので、両者の関係は微妙なのですが、大綱の策定を急いでやらなくてはいけません。

これまでは、軍需産業や防衛産業は特殊な世界で、普通の民間企業の技術者や学術界の科学者はかかわってはいけない世界だという意識がありました。村八分だったのです。戦後の非武装幻想、中立幻想時代の遺物です。しかし、「民生の技術を含めて科学技術全般の進歩は安全保障の基盤である」という議論が最近、ようやく出てきました。諸外国では当たり前の議論です。そして学術界の協力を得るために、安全保障上有意義な最先端技術の開発のために今回、岸田政権下で2年間で5000億円の予算が積まれました。

ところが、またそれを学術界への資金分配機関であるＪＳＴ（科学技術振興機構）とＮＥＤＯ（国立研究開発法人新エネルギー・産業技術総合開発機構）に回しているのです。学術界は日本学術会議が仕切っています。彼らは絶対平和主義で、左傾化も激しく、絶対に防衛に協力しないという人たちですよ。学術界は依然として左翼勢力が強く根を張っていますから、なかなか協力してくれません。科学技術研究資金を流す仕組みにも大きな欠陥があって、この5000億円は、防衛省の技術者や民間企業の研究室には1銭も回らないのです。

「今度はちゃんと学術界にも安全保障上の問題意識をもって研究してもらいます」と政府は言っているので、私たちも「頑張れ」と言っています。しかし、学術界ではなく、日本の優秀な民間企業のラボにも安全保障上有益な技術は山ほど眠っているはずです。防衛産業以外にも、日本の安全保障に貢献したいと思っている志のある民間企業の技術者はたくさんいる。ところがこの人たちのところには全然、お金が回らない。

他の国の場合、「先端民生技術はどのように安全保障環境を変えるのか、最先端の技術をいろいろと実験してくれ。これは安全保障上の研究だから政府が全部、資金を負担する」と言って、委託研究費が民間の研究者にボンと下ります。マーケットの存在しない最先端分野での科学技術研究に、安全保障を理由に政府が巨額資金の面倒をみるというのは、他の国では当たり前です。科学技術全般の進歩こそ安全保障の基盤であるという常識が日本には欠落している。そのために、防衛産業のみならず産業技術全般がどんどん衰退してしまうのです。

民間企業になぜ、安全保障目的の技術開発資金を入れないのかと言うと、その仕組みがないからです。防衛省の研究開発予算は今、1600億円しかありません。日本政府の研究開発費は4兆円ありますが、防衛省には1600億円しか回りません。アメリカは政府の科学研究予算20兆円のうち、10兆円が国防総省に回ります。あるメーカーにいる私の友人はそれを聞いて驚いていました。日本の普通の企業よりもはるかに研究開発費が少ないのです。4兆円のうちの1兆円を防衛省に回して、防衛省が民間企業に委託して、安全保障に貢献し得る技術をどんどん開発してもらう。その技術を途中でさらにバージョンアップして、完成品にしなければいけないと思います。そういう仕組みにしないのは、文部科学省や経済産業省に安全保障に関する責任感や軍事問題に関するリテラシーがないからです。これは敗戦国となった日本に特有の国家としての大きな歪みです。

さらに、日本では兵器を製造しても収益率が低いために儲かりません。作っても儲からないので、コマツは撤退しました。三菱重工は頑張ってくれていますが、しかし株主総会では「SDGsの方に力を入れよ」と言われているわけです。日本の一流企業に、国家安全保障は儲からないと言わせるのは、政府の恥です。予算がないので、単価を削りまくるから、防衛装備品の製造が儲からないのです。これを大きく変える必要があります。

防衛問題の多くは、突き詰めれば最後はお金の問題なのです。日本国の予算配分のプライオリティの問題です。日本政府は、防衛以外の分野では何十兆円も平気でばらまきます。コロナで80兆円ばらまきました。この国のプライオリティはどこにあるのかということです。

経済安保法に「防衛産業」がない

尾上　2022年5月に経済安全保障推進法が成立しました。しかし、そこには防衛産業に関する部分がすっぽり抜け落ちています。防衛省は防衛産業を強化する法案を作っていて、次期通常国会に提出する準備をしていると聞いています。しかし、財務省からものすごい抵抗に遭っていて、門前払いを食らいそうな状況だといいます。

兼原　防衛費を5兆円増やすわけだから、ぜひやってほしいですね。

尾上　「産業等の調整計画の大綱」（防衛産業大綱）については、2014年に宇都隆史議員が国会で質問しています。「安全保障会議設置法の2条3項に、防衛計画の大綱に関連する産業等の調整計画の大綱を定めると記載されているけれども、この大綱は1度も定められてないじゃないか」という趣旨の質問をしたのです。すると経済産業省の副大臣は、「産業等の調整計画の大綱について、これまで検討を行ったことはございません。作成する場合には、製造業やエネルギーを所管しております経済産業省といたしましても、他省庁と連携して取り組むことになると考えております」と、まるで木で鼻をくくったような他人事の答弁で終わっています。それ以来、全然、話題にすらならない状況です。

防衛省は既存の伝統的な防衛産業を維持、育成、強化するために、いろいろな戦略を作って頑張っているのですが、そこへ投入される予算はほとんどありません。

たとえば大学に対して防衛省の事業として予算を付けて、新しい研究を行う制度を作っても、日本学術会議が「反対」と言ったら、最初は手を挙げてくれたところも、全部手を下ろしてしまいました。政府の中に、防衛省が一生懸命やろうとすることを邪魔する組織があるわけです。それはおかしいのではないかということです。

また、民間企業の経営者が、知らず知らずのうちに企業に対するレピュテーションリスク（否定的評価へのリスク）を考えてしまうこと自体が、防衛に対する偏見です。その偏見を捨てて、安全保障は国民の安全、安心を得るためのもので、日常の生活を守るための一番大事なインフラなのだという認識を持つ必要があると思います。

防衛省、自衛隊だけを、あるいは防衛産業だけを切り離して扱うと「ムラ」になってしまいます。ムラ社会というのは、限界集落のように潰れていく運命になってしまいます。だから「ムラ化」させてはいけません。

垣根を取り払って、デュアルユースの先端技術を研究している民間企業と交流し、自衛官や防衛省の技官が先端技術を開発している民間企業の中に入っていって、役に立ちそうな価値の高い技術はないかと目利きをして、防衛装備品に反映していく。あるいは反対に、防衛装備庁にある先端技術推進センターや艦艇装備研究所などに民間企業を取り込んで、さらに大きなＤＡＲＰＡ（米国防総省の国防高等研究計画局）のような組織に格上げして一緒に研究をしていく。そして自衛隊が持っている演習場などを使い、どんどん試験を行って迅速に装備化をしていく。こういう取り組みにしていかないと、日本が持つべき防衛生産技術基盤や安全保障インフラは強くならないと思います。

兼原　「科学技術と経済の会」という民間の技術者の集まりに呼ばれて講演したことがあります。そこで「民生技術の研究をやっておられる方々に、安全保障への貢献をお願いしたい」と言ったら、「政府が今までこんなことを1回でも言ったことがあったか」と逆に怒られました。国家の安全保障のために、日本の民間企業の研究者に1円でも回してくれたことがあるのかと。志の高い技術者はいくらでもいる。資金を回してくれたら国家安全保障のために何でもやってあげると言うわけです。先端的すぎてマーケットに出せないすごい技術が山ほどあるのだということでした。

現在では、民生技術と軍事技術の境目などあってないようなものです。日本の民生技術をマーケットに需要がないからという理由だけで捨て去らずに、将来安全保障の役に立つからと言って政府が資金援助できるようにする必要があります。息の長い話ですが、日本の科学技術力を本格活用すれば、日本の防衛力は格段に上がっていきます。産業技術力だってそうでしょう。

４年以内に使えるものを

武居　防衛産業を維持することと、防衛力の強化は一致しないことがあるということも、われわれは考えなければいけないのではないでしょうか。４年以内の国内開発が間に合わない一方で、同等の装備が海外にあるとすれば、この期間に限っては積極的に輸入すべきだと思います。国内開発がさらに長期間を要するのだとすれば、完成品を輸入するか日本国内に共同生産のラインを作って量産する。国産装備品ができたところで順次切り替えていくか、冗長性を高めるために二系統の装備を整備していく方法が、５年間、10年間の期間で防衛力を抜本的に強化する最適な方法であると思います。

誤解を恐れず言うのですが、この先10年間の防衛力整備は防衛産業を維持するための防衛力整備になってはいけない。それはポスト冷戦期や、冷戦期に防衛産業を保護するための考え方だと思います。もし4年以内に防衛力を強化しなければいけないとしたならば、防衛産業に利益が回らなくても、輸入でまかなう必要があります。

しかしながら、FMS（Foreign Military Sales＝米国政府が武器輸出管理法に基づき、同盟諸国などに装備品を有償で提供する方法）やDCS（Direct Commercial Sales＝民間企業と外国政府が直接、売買契約を行う方法）などによって輸入しても、国内に修理する基盤を持っていなければ可動率の問題や有事の継戦能力を損なうようになります。弾薬やミサイルなど消耗品は別にして、輸入品であっても国内でいかに維持整備していくか、その手段も同時に考えていかなければいけません。

ウクライナ戦争でウクライナ軍が欧米から大量の弾薬やミサイルなどを融通してもらって戦っていることから学べば、弾薬やミサイルといった消耗品、無人航空システムのような戦時損耗率の高い装備は、同盟国との間で共同して保有し、相互に融通し合う体制がこれからは一般化していくと思います。NATOの中ではすでに分担が始まっています。

中国と対立することを念頭に置くと、日本だけで中国に釣り合う量の装備を保有することは現実的ではありません。またミサイルには定期的な検査修理が必要で、推進用の火薬は経年劣化していくので、一国で大量保有すれば後方経費がかさみます。西側諸国と相互に融通できるものは融通する仕組みを作っておくことが必要だと思います。

たとえばアメリカやオーストラリア、NATOの国々と共有して、装備の相互運用性や互換性を持たせることが重要になっていきます。国産の装備品であっても、NATO標準で作れば、少なくとも弾薬については融通し合うことができるようになる。防衛装備移転3原則を見直す必要がありますが、そういう仕組みを考えなければいけないと思います。

我が国が中国のA2／ADの覆域《ふくいき》にすっぽりと入っていることを考えると、予め装備を融通してくれる国との間で輸送経路（トランスロード）を設定し、輸送手順を共有するなど準備をしておく。どこから持ってきて、どこに入れて、どうやって前線に配分するかが決まっていれば、円滑で迅速に支援を受けることができますし、継戦能力の向上につながります。

A2／ADの中での戦いではシーレーン防衛がとりわけ重要ですが、これは外国からの軍事的支援に必要である以上に、国民生活に直結する問題です。国内に一定量のエネルギーの備蓄があるとしても、国民生活を維持していくためには必ず海上輸送を維持しなければならない。エネルギー資源だけでなく自給率が4割を切っている食糧を輸入する必要もある。

また、有事の際に国内の修理業者をどのように使うかということも、早急に制度化しておくべきです。自衛隊の自隊修理能力は限定的ですから、場合によっては民間の修理会社に作戦地域で修理してもらう可能性もある。負傷した方々への補償の問題もあるでしょう。自衛隊の継戦能力を向上させるためにはこうした分野にも必ず目を配っておく必要があります。

シーレーン防衛で負けた日本

兼原　日本の原油の戦略備蓄用貯蔵タンクは官民で半年分しかもちません。ただし青空タンクなので、空爆されたら全部、吹っ飛んでしまいます。日本は20万トンのタンカーが毎日、15隻入って来ています。これがなければ本当に油が止まってしまいます。そのシーレーンをどう防衛するのかを、誰も考えていないのです。石油が入らないと日本は倒れてしまいます。経済安全保障と言いますが、実はエネルギー政策と安保政策の統合は政府の中では検討されていません。本当のエネルギー安全保障政策は日本にはありません。
いざというときに、どうやって南シナ海、東シナ海のような紛争海域を迂回《うかい》して日本に帰って来るか、どうタンカーを護衛するかを政府の中で話し合っておく必要があります。具体的には資源エネルギー庁、国土交通省海事局、商船会社、海員組合、海上保安庁、海上自衛隊が集まって協議する必要があるわけですが、これをやっていません。私が現役の時に2回ほど集まってみましたが、初顔合わせの雰囲気でした。

武居さんが指摘されたように、この国は海洋国家という意識がないのです。海を守るという意識がありません。剥き出しの動脈が何千キロも中東から日本に垂れ下がっているのに、誰も守ろうとしないのです。

エネルギー安全保障を担っている経産省は、石油が日本に入って来てからの備蓄のことしか考えていません。シーレーンについては国交省の海事局が担当しますが、安全保障上の問題意識が希薄です。トン数税制という仕組みを持っていて、有事の際は、3割の船が使えるように税制で面倒を見ると言っています。しかし、エネルギー供給量がたったの3割になってしまったら、日本経済は倒れます。

誰が船を防護するのかも問題です。台湾で戦争が始まったら、海上保安庁も海上自衛隊も余分な船などありません。

頼みの綱は海員組合と商船会社ですが、日本の商船会社は戦時中に陸海軍に徴用されて、商船隊員が6万人も死んでいます。帝国海軍をはるかに上回る死亡率です。きちんとした防護がなかったからです。軍人ではありませんから、何の遺族補償もなかった。だから彼らは戦後、絶対に有事には付き合わないと言っています。しかし、いざとなればこの人たちは海の男ですから、言われなくても自主的に油を運ぶと思います。ですから、彼らを支えるために、国としての政策と仕組みを考えておかなくてはなりません。

武居　世界で日本ほど生存と繁栄を海外交易に依存している国はないのですが、海洋国家としての意識は薄いように思います。

太平洋戦争における日本海軍の失敗のひとつは、通商破壊戦への備えが不十分だったことがあります。日本の地理的な特性を考えれば、イギリスがドイツのＵ－ボートの無制限潜水艦戦で窒息する寸前までいったことを学び、海洋国日本の特性に合致した備えをすべきだったのですが、主力艦中心主義から抜け出せませんでした。

海上交通路の安全確保、いわゆるシーレーン防衛は、海上自衛隊の前身である海上警備隊が昭和27（1952）年に海上保安庁の外局として生まれたときからずっと海上自衛隊の三本の柱の第一です。これは、日本海軍の失敗から開戦と共に多くの民間船舶と船員を失い、国民に塗炭《とたん》の苦しみを与え、結果、日本を敗戦という存亡の淵に立たせてしまった反省があるからです。

この敗戦の教訓があるのであれば、我が国の防衛政策はとうの昔に、重要な海上交通路のある南シナ海へと自衛隊の活動の地理的な範囲と内容を広げれば良かったのですが、それは安倍総理の時代まで待たねばなりませんでした。

私が考えるに、日本が日米安保体制によって冷戦構造にしっかり組み込まれ、在日米軍の強大な兵力で守られるという二重の防護壁の中に安住できたために、はっきりした防衛構想がないままに政治的妥当性に基づいて防衛体制が決まっても、脅威対抗には十分でない「軽武装」な防衛力であっても、国の安全が保つことができたのだと思います。

アメリカが強かったときはそれで済んだのですが、いまはそうではない。

岩田　ウクライナは陸続きなので、隣国のポーランドから弾や武器を入れています。台湾有事で南西諸島が戦域になったとき、弾や燃料を入れる場所は港湾、空港しかありません。

中国は間違いなく港を攻撃してきます。台湾に対してはミサイル、日本に対してはテロ活動などで潰して来るでしょう。

ウクライナとは違って、物資を揚げられる場所は決まっているため、離島への弾や武器の供給、兵站支援は非常に難しいのです。

武居　海上自衛隊は何かあったときには、必ず日本の商船隊を防衛すると思います。また船主協会や海員組合のほうも、いざとなったら自衛隊が守ってくれるはずだと思っていることも確かです。しかし、この2つがちゃんとマッチングができているかというと、必ずしもできていない部分があります。兼原さんからご指摘があったとおり、国としての政策と仕組みが欠如しています。

政府にこの考え方が抜けているということを端的に示したのが、ペロシ米下院議長の訪台のときでした。中国のミサイルが撃たれたのは台湾−与那国海峡、バシー海峡、台湾海峡の海上交通路の中心点です。しかし、政府はひと言も文句を言っていないし、それに対するシーレーン防衛をどうするか、話し合われたとも聞いておりません。たぶん官邸には、そうした意識がないのだろうと思います。

尾上　報道ではミサイルの「落下」だと言っていますが、これは落下ではありません。ミサイルが着弾しているわけです。もしそこに弾頭が積んであったら、爆発して周辺にいる船は間違いなく被害を受けています。われわれはそういう目で、今起きている事態を見なければならないということです。

武器の「国産主義」基準

岩田　防衛省は今、装備の新・国産主義を打ち出しています。兵器は国産を主体にするというものですが、４年以内に戦える防衛力を整備するという観点とのバランスを取る必要があります。防衛省は国産主義について明確な基準を示していませんが、私は５つあると思います。

１つ目は、国内技術でできるものは、国内の防衛産業で作るということです。技術がほぼ同じ水準であるなら、国外の装備品と競争入札をしてどちらかを選ぶのではなく、国産を優先する。

２つ目は、有事の際の継戦能力の維持や、平時からの運用、維持、整備のために、弾薬など不可欠なものは国産化すること。弾の数は現状、まったく数が足りていません。国内にはそれを作る力がありますから、製造ラインを増設して、４年以内には必要な数を満たす必要があります。

３つ目は、機密保持の観点から、外国に依存すべきでないものは、絶対に国内で作ることです。暗号や通信などの機微な部分は､外国製のものを入れた途端にすべて､情報が抜かれてしまう恐れがあります。

４つ目は、日本の地理的、政策的な特殊性を踏まえた運用を実現するためには、国産にする必要があるということです。海や空と違って、アメリカの戦車やドイツの戦車を持ってきても、日本の国土や地形に向いていない装備はあります。日本の国土で使うという意味からも国産主義で行くべきです。

5つ目が、外国から特殊技術の入手が困難なものは、結局、日本で作らざるを得ません。たとえば電磁波戦で、アメリカはハイパワー・マイクロウェーブ（人や建物に影響を与えず電子機器だけを無力化するエネルギー兵器）でドローンを落とそうとしています。アメリカはその技術を他国には教えてくれません。そうすると、自分たちで作るしかありません。

自衛隊がイラクに派遣されたとき、私は装備面を担当していました。イラクに派遣する車両の防護強化のために必要な防弾板を買入するために、アメリカを始め、いろいろな国と調整しましたが、断わられた経験があります。それは特殊技術ではありませんが、自分の国で必要なものだから売れないと言われたのです。それを踏まえると、アメリカでさえ売ってくれないものがある。やはり自国で作るしかないのです。

今、述べたことを防衛省は明確に打ち出して、入札制度を含めて変えていかなければならないと思います。

友好国に武器を売れ

武居　今の５つの点はその通りです。しかしこれを強調しすぎてしまうと、ポスト冷戦期や冷戦期の防衛力整備そのものになってしまうのではないでしょうか。今、われわれが急がなければならないのは、戦争を前提にした防衛力整備です。４年以内にどうするか、10年以内には何が必要か。この視点が抜けてしまってはいけないと思います。４年以内、あるいは10年以内に必要な数がそろわなかったら、どうしようもありません。

国産化の考え方はまさに仰る通りですが、防衛省は発想を変える必要があると思います。

岩田　よく分かります。切迫感がある中で、まず指摘したいのは、新・国産主義を防衛省は打ち出しながら、その具体的な中身を明らかにしていないことです。それをまず明示した上で、今、武居さんが言われたことと、どうバランスを取るか、より踏み込んだ形を考えていかなければいけません。

尾上　武居さんが言われた発想の転換は、防衛省にも必要ですし、防衛産業にも必要だと思います。航空自衛隊の場合、これまでアメリカ一辺倒で、戦闘機を中心にライセンス国産などを通じて技術を蓄積してきました。しかし、アメリカは今、技術開示のハードルをものすごく高くしつつあります。

F‐35に関しては、日本はファイナル・アッセンブリ・アンド・チェックアウト（最終組み立てと点検）という、プラモデルを組み立てるようなことしかやらせてもらえません。技術の蓄積はほとんどできない状況にあります。

アメリカ一辺倒ではなく、たとえばノルウェーの企業が開発したF‐35搭載のジョイント・ストライク・ミサイルのような国際共同開発の枠組みに入っていく。あるいは、イスラエルのコンバットプルーブン（戦闘で証明済み）の装備品を入手して、その技術を取得する努力をすべきだと思います。場合によっては、完成品を緊急的に導入することも必要かもしれません。

自衛隊が装備化を急がなければならないものは、無人機をはじめとして、本当にたくさんあります。それを早期に運用化するためにどうすればいいか、防衛省も自衛隊も防衛産業も一緒になって考えていかないといけない。

先ほどNATO仕様の弾薬製造の相互融通という話がありましたが、すごく重要なことだと私も思います。

これに関連して、自民党の提言（安全保障調査会）は、新たな国家安全保障戦略の中で「防衛装備移転3原則」を見直すことを要望しています。防衛産業の市場を海外に広げるという観点から議論されることがよくあるのですが、それは違うのではないかと私は思います。

防衛産業の市場を海外に拡大するという発想で装備移転を行っているのは韓国です。韓国の防衛事業庁は、政府の補助金によって国内メーカーに価格競争力をつけさせ、FA‐50などの軽戦闘機をポーランドに売却したりして、ものすごく売り上げを伸ばしています。

しかし日本の場合は、商売を拡大するというよりも、日本の安全保障にとってプラスになる国、たとえばフィリピンやASEAN諸国に装備移転を行うことを通じて、国家間の関係を強化することを目的にすべきだと考えます。

今回、国産のFPS‐3レーダーがフィリピンに移転されますが、その運用に関わるノウハウをフィリピンに教育・訓練したり、維持補修の観点からアフターサービスを行ったりすることで、フィリピンとの関係はすごく強化されていくと思います。

このような日本の安全保障の強化に資する装備移転に関しては、国が主導し、国がリスクを取って資金面で支援を行い、どんどん進めていくべきだと思います。そうした意味での「防衛装備移転３原則」の改正をぜひ行うべきです。

装備を売り込むための組織がない

兼原　基本的には武器を友好国にどんどん出して、敵には絶対出さないのが本当の武器輸出政策です。しかし、スケールメリットがないと武器は作れません。多大な開発費がかかりますから、たくさん作るというのが基本だと思うのです。

安全保障上の利益を同じくする同盟国や友好国に日本製の武器を売って、その国の防衛装備の体系を日本製に変え、整備、点検、訓練も全部、日本が行うようにしていけば、関係がさらに密接になります。

型落ちでいいから自衛隊の武器をくれという国は山ほどあります。やはり日本製の武器が欲しいのです。たとえばバングラデシュやマレーシアは中国から潜水艦を買いました。バングラデシュに行ったときにその理由を尋ねたら、「誰も売ってくれなかったから」というわけです。中国だけが売ってくれたのだと。

岩田　戦略性を持った装備移転が重要ですね。日本が警戒管制レーダーをフィリピンに輸出することでフィリピンとの連携が深まり、それが次へとつながっていきます。

日本には、いろいろな国から装備の引き合いが来ています。「日本が売ってくれるのなら買いますよ」という国は結構、あるのです。装備移転を通じて、たとえば第1列島線の防衛を共に行う国々や、中国を囲む国などと、情報共有を含めた連携を組む。

これがひいては大きな意味での安全保障政策になります。
最近、オーストラリアへ行って来たのですが、軍隊が小さく、輸出する防衛装備があまりない中で、国防省の中に「国防輸出局」を作っているのに驚きました。日本はどうなのかというと、防衛装備庁に一部、兼務の担当者がいるだけです。「防衛装備移転３原則」は見直しても、それに対応できる組織がありません。政府も「戦略３文書」（「国家安全保障戦略」「国家防衛戦略」「防衛力整備計画」）において、装備移転を積極的に進める方向に舵を切るようですが、物事を改革するには、制度を変え、組織を変え、そして業務を変えなければ改革は進みません。この３つの観点においても積極的に推進してもらいたいと願っています。

兼原　日本は、相手の国の防衛装備がどういう体系になっているのか、どこから武器を買っているのか、どうやって装備を売り込むかといった輸出戦略が、まったくありません。やっていないのです。「装備品の売り込みも政府の仕事だ」と言っているのですが、防衛装備品の外国への売り込みを行うための政府内の司令塔がないのです。
防衛装備庁に専門の部署を作って、戦略的な移転を、外務省や経産省と一緒に組んでやればいいのですよ。本気でやればできると思います。韓国は国を挙げて武器輸出を始めています。今では中国を除けばアジア最大の武器輸出国です。

武居　技術移転に関する技術情報については、考え方をよく整理しなければいけないと思います。技術の共有は今まではもっぱらアメリカが相手でしたが、防衛上のクリティカルな技術であっても、積極的に同盟国や準同盟国に出してもいいのではないかなと思います。

なぜなら、日本はこの先もアメリカやオーストラリア、イギリスと戦争をすることはまずない。そういう国々に対して、機密保持についてもう一度、整理して考えなければいけないと思います。

かつてオーストラリアに潜水艦を売るときにはスペックダウン（性能落ち）して出すことまで検討されたと聞いています。技術情報を守る配慮が働いたのでしょうが、私は海上自衛隊と同じ性能の潜水艦を輸出しても良いのではないかと思いました。オーストラリアは準同盟国ですし、オーストラリア海軍の能力向上は日本にとってもメリットがあります。それ以上に日本がオーストラリアと戦争をする可能性はほとんどない。第三国に移転することはないということが保証されるのであれば、同盟国および準同盟国に対しては防衛の核心に関する技術であっても出したほうがいいと考えます。

輸出先の国は日本と同等の装備を欲しいのであって、スペックダウンは我が国との信頼関係に跳ね返ってくる可能性もある。むしろ、スペックアップしたものを出すことによって、日本の技術研磨に対する跳ね返りを期待するほうが現実的だと思います。

ロシアの兵器市場を狙え

岩田　フィリピンに対して移転する警戒管制レーダー「ＦＰＳ‐３」は、スペックダウンしていません。今回、輸出したのはある意味では能力アップをしたものを出しています。それは外に出しても問題がない技術です。さらにフィリピンに向けて現在、移動式監視レーダーも作っています。

この移動式監視レーダーは陸上自衛隊が持っているものより性能が良く、開発経費も含めて、全てフィリピンが支出しています。フィリピンとの間では、そうした枠組みができています。

尾上　岩田さんのご指摘は大変重要なポイントです。私も別の角度から話したいと思います。

ロシアのウクライナでの行為を非難する国連総会の決議が何回か行われました。それに反対したり棄権したりする国が思いのほか多くありましたが、これらの国々はロシアの軍事支援を受けていたり、装備品を購入したりしています。

中国が中東の国々にたくさんの無人機を販売したり、武器を売ったりしているのは、中国の影響力を強めるための戦略に基づいた動きです。

今後、ロシアの兵器は、ウクライナとの実戦では役に立たなかったという評価がなされるはずです。すると、ロシアの兵器市場を次は誰が奪うかという競争になる。中国は虎視眈々《こしたんたん》と狙っていると思います。日本、アメリカ、西側諸国も間に合うかどうかは分かりませんが、しっかりそこに入り込んでいく必要があります。

相手にどういう形で、何を売っていくかは、戦略的に選別して考えなければいけません。しかし大きなトレンドとして、米中対立の1つのフロンティアが装備移転、武器移転をめぐる戦いだと私は思います。それにしっかりと日本は対応していく必要があります。

岩田　まさに尾上さんが言った通り、ロシアの兵器は使いものにならないということに、インドも気づいています。ではどこから補填するのかという話になりますが、インドはクアッドのメンバーです。お互いが連携して戦略的な活用を考えることができると思います。

兼原　インドは1962年に中国に侵略されて以来、中国に対する警戒感を強く持っていました。米ソ冷戦時代に、日本とアメリカが中国に接近したとき、インドは非常にあわてました。アメリカはインドに武器を売ってくれないので、インドは仕方なくロシアに接近してロシア製の兵器を輸入しました。インドは、ちょうど今、ロシア製から西側製の武器に切り替えているところだと思います。

日本は情報産業で大きく後れをとりましたが、ロシアはその前のさらに前の真空管の世界で止まっています。３Ｄプリンターの技術など一部は優秀ですが、半導体に乗り替えるところで産業技術の進歩が止まってしまったので良い半導体が作れません。ウクライナに攻め込んだ後、西側に経済制裁で半導体を禁輸されているので、それ以降につくられたロシア製の兵器は相当に粗悪になってきていると思います。現在の世界の兵器体系の中で、実はロシアは結構劣っているのではないでしょうか。

第9章

日本は勝てるのか

日本の勝利とは何か

兼原　最後に「日本は勝てるのか」についてです。アメリカと組んで、日本の腰が砕けずにいたら、中国の台湾戦争は抑止できる。もし始まっても勝てると思います。しかし日本の腰が砕けたら、日米同盟側が負けてしまいます。

問題は、日米同盟が台湾有事で勝つかどうかということよりも、勝った後にどのくらい日本がボロボロになっているかということです。九州や沖縄が丸焼けになって、東京に核兵器が飛んで来るような状況になるのであれば、たとえ勝ったとしても戦争をやる意味がありません。

そうさせないためには、戦争を抑止しきるしかありません。どんなにお金がかかっても万全の準備をするしかありません。日本が相当の緊張感を持って、アメリカを引き込んで構えていないと、戦争が本当に始まってしまいます。しかし日米が準備をしてしっかり構えていれば戦争は始まりません。もし始まったとしても、最小限の被害で勝てます。習近平国家主席にしても、戦争をしても負けると思えば、手出しをしません。

武居　私も日本政府に「死ぬまで戦う」という胆力があれば、勝つことはないとしても、負けることはないと思います。内閣総理大臣の胆力がすべてだと思います。

尾上　ずるい言い方かもしれませんが、台湾有事が本当に現実のものになったら、勝者はいないと思います。今のウクライナやロシアを見ていても、被害を受ける人たちばかりです。

そのためには「勝つ」というより、そうした事態を絶対に起こさせないことが大事です。

中国がもしも、軍事的冒険に出たときには、断固として拒絶し目的を達成させないようにしなければなりません。日本にとって一番、被害が少ない形で、それをいかに達成するかを、われわれは追求すべきです。

「勝つ」と言っても、中国の共産党政府を倒したり、台湾の独立を助けたりすることが勝つことではないと思います。日本が「勝つ」とは、シーレーンを含めた国益をなんとしても守るということです。中国の一方的な現状変更を拒否することです。

そのためにはアメリカと一緒になって、中国と戦える体制を構築し、戦争を阻止するぞという強いメッセージを送ることです。私は日本はそれができると思います。習近平氏の計算を出来る限り複雑にして、中国のリスクとコストをどんどん高めていけばいい話です。すぐにそれに着手するべきだと思います。

岩田　戦わずに勝つ、つまり抑止する。それが一番、大事なことです。戦争は敵の指揮官の過信と誤算から始まります。過信と誤算を起こさせないために、日本は本当に戦う気があるぞ、強いのだぞというふうに敵に思わせなければならない。日本の本気度を示さなければいけないと思います。

ウクライナ戦争がそうですが、最初からゼレンスキー大統領をはじめ、キーウ市長らは「絶対に逃げないで最後まで戦うぞ」という姿勢を示しています。この意志が国民を1つにまとめて、一人ひとりが団結し、外に逃げていた人たちも母国に帰って来させました。だから負けないのです。

戦争が起きる前から、日本国民の本気度を示せば、習近平国家主席も過信と誤算に陥ることはありません。そのためには4年以内に、今やろうとしている防衛力強化をきちっと進めることが大切です。それが戦いを起こさずに、抑止によって勝つということだと思います。

日本だけで戦って勝つことは、はっきり言って無理です。われわれの本気度によって、アメリカを引き寄せなければなりません。アメリカは民主主義国家ですから、そのときの政権が内向き志向に変わってしまえば、そちらに引きずられてしまいます。バイデン大統領がウクライナに派兵しないと言ったのは、世論調査で国民の6割から7割が「派兵すべきではない」と答えたからです。

日本は、アメリカの世論に「日本はわれわれが守るべき価値がある国なのだ。日本も自らの血を流しても、国を守る意志を持っている」と思わせるように、本気度を示さなければなりません。それが防衛力強化に結びつきます。核も含めて、アメリカに本気度を示すことです。まだまだアメリカに対しても国民に対しても、それが示されていないと思います。

自衛隊が戦う

武居　もう1つ付け加えたいのですが、個人的には、抑止と言い過ぎるのは自衛隊員にあまりいい影響を与えないのではないかと思います。隊員は、何かあったら戦うのだという意志をもって日夜厳しい訓練に励んでいます。われわれは侵略があれば危険を顧みず戦うために訓練しているのだと考えるのと、抑止するために存在し、そのために訓練するのだと考えるのとでは、ずいぶん心の持ちようが変わってくると思います。

隊員に対しては一人ひとりがより精強な状態を維持できるように、「事に臨んでは危険を顧みず、身をもって責務の完遂に務め、もって国民の負託にこたえる」という自衛官の心構えを徹底させる必要があります。「あなたたちは戦うのだ」ということを徹底して教え込み、訓練しておかないと、隊員がモチベーションを保てず、勇気をもって戦場に臨めません。

尾上　それは重要なポイントだと私も思っています。ウクライナを見ると、ロシアは本格的な軍事侵攻の準備不足で失敗しています。ハイブリッド戦で終わらせることができると思っていたために、振り上げた軍事侵攻の拳を下ろせないまま、泥沼に入っている状況です。

中国は今回のロシアの戦い方の失敗を研究しているはずです。ハイブリッド戦は当然入念に仕掛けてきますが、その後に続く本格的な軍事侵攻の準備も徹底的にしてくると思います。われわれとしても中国の本格的な侵攻に備えて、それを拒否できる負けない体制を作っておかなければいけません。

ハイブリッド戦の段階で負けるのは論外ですが、仮にそこから先、本当の本格的な軍事侵攻になったときでも、「自衛隊は戦う準備ができているぞ」という姿勢を示し、習近平氏に見せておくことが重要です。

岩田　武居さんが仰った通りです。現場の指揮官たちは「われわれが精強であることを見せて敵を抑止するのだ。抑止は破綻するときがあるとしても、そのときはわれわれが確実に拒否して守り抜く。そのためには、お前たちが大事なのだ」と言い続けて隊員に教育訓練をしています。一般国民に言うことを隊員たちがそのまま誤解して「抑止のために存在して戦わない」とは思っていない。その点は大丈夫だと私は安心しています。

武居　台湾有事は米軍と共に自衛隊も戦います。しかし、尖閣、南西諸島も含めて、日本が武力攻撃事態を認定しても、アメリカがそれを武力攻撃と認めないことは考えられます。そのときには、日本だけで戦わざるを得ない場面が出てきます。

兼原　小競り合いの状態のときに、そういうことはあり得ると思います。日本が「武力攻撃事態だ」と言っても、アメリカが「まだグレーゾーンだ」と言うと、日本だけが出て行かなければなりません。

岩田　もちろん自衛隊が戦います。

「日本の意志」を示せ

兼原　日頃から万全の即応体制を組んでおく必要があります。敵がこう来たら、こっちはこう出るぞと構えておくことが大事です。隙があると敵がそこを突いて出て来るので、隙を見せてはなりません。日米同盟側が隙なく構えていれば、中国は台湾にも出て来ません。

尾上　その通りだと思います。しかし、日本は「アメリカはこうするだろう」と考え、アメリカは「日本はこうしてくれるだろう」と考えているという思い込みの違いが結構、あるのです。

本書の冒頭で紹介したアメリカのインド太平洋空軍のＡＣＥ構想を聞いたときに、私は「アメリカはそうだったのか」と驚きました。アメリカも政治的な動向や国内世論によって変わっていきます。だから常にお互いがどのように考えているのか、こうなったときはどうしようと思っているのか、ツーカーで分かり合える関係を築いておく必要があります。同床異夢になって、何かが起きたときに慌ててしまうということは一番、避けなければいけません。

日米は２プラス２などを通じて、基本的な考え方の疎通を図る努力をしています。しかしもっと具体的に、個別の事態が起きたときに日米共同でどのように対処するか、役割分担をどうするかという議論を深めていく必要があると思います。

岩田　２０２３年の早いうちに日米ガイドラインで明確化した上で、それを日米共同作戦計画に反映させて、認識のギャップを埋める必要があります。そして本当に戦える体制を作る。それを中国に見せておくことが抑止なのです。

兼原　さらにその上で、キーンエッジ演習を行って初めて相手に日米の結束力が伝わります。

問題なのは、原子力災害と大地震災害の演習は年に1回、総理官邸で全閣僚が出席して行うのに、有事に関する閣僚演習は全くない。お花畑のままです。しかも自衛隊が行う大規模演習にも閣僚が絶対に出てこない。自衛隊は毎年、有事や大規模災害に関する演習を行っていますが、閣僚はおろか、各省庁の局長さえ誰一人来ません。マスコミに戦争の準備をしていると言われて叩かれるのが怖いからです。政治家がそれを怖れてはいけませんよね。

毎年、関東大震災の日に行われる演習には全閣僚が参加します。日本の内閣は顔ぶれが頻々と変わりますが、新しい大臣でも、大災害のときに自分がやるべき作業が何なのか、そこで初めて気がつきます。ところが有事の演習は1回もやったことがない。

戦争が始まったとき、多くの閣僚は、自分は何をするのか分からなくなって右往左往するでしょう。電波、エネルギー、交通機関、港湾、空港をどうするのか。国民をどう避難させるのか。実は多くの政治家が何も知らないのです。

ＮＳＣでは実はいろいろな議論が行われますが、中身は秘密にされています。本当はもっとオープンにしてもいいと思いますよ。

尾上　オープンでいい。認知戦を考えた場合、国民がどういうふうに反応し、どのような対応をするかを知っておくのは非常に重要な作戦の一部になります。議論に国民も巻き込んで、全員でやらないと有事対応のレベルは上がりません。

兼原　最近、いろんなところで講演をしていると、驚くべき反応が返ってきます。「ゼレンスキー大統領は自分で国を守るという意志を見せているから、諸外国が団結して助けるのだ」と私が言うと「自分の国は自分で守らないと駄目です。ウクライナ軍の戦いを見てそれが腹落ちしました」と言う人が結構いるのです。

日本でも国民意識が変わって来ているのです。日本はもともと誰にも寄りかからない独立不羈《ふき》の武士道を尊ぶ国でしたから、少しずつ国民がサムライに戻ってきているように感じます。政界、官界の方が遅れている。

岩田　安倍総理から「日本は勝てるのか」と言われましたが、この質問をしたのは、これまで安倍総理一人だけです。

習近平国家主席に過信と誤算を与えない。その抑止のために一番大事なことは、日本の首相による習近平氏への直接の言葉だと思います。安倍総理は習近平氏に対して尖閣に対する「日本の意志」を明確に示した。私の意志を「見誤ってはいけない」とはっきり言ったわけです。これを言えるのは安倍総理だけでしたが、今後も総理大臣は相手に過信と誤算を絶対にさせないことです。われわれは南西諸島を守るし、台湾海峡の現状は維持されるべきであり、台湾の武力統一は認めないということを明確に言い続けることが大事です。

付録

台湾海峡危機　日本はいかに備えるべきか

第2回政策シミュレーション（日本戦略研究フォーラム）

台湾有事の政策シミュレーションは2022年8月6、7日に行われ、自民党国会議員や元自衛隊幹部らが参加した。有事の発生を中国の習近平主席が4期目に移行し、人民解放軍創設100周年となる2027年に設定。①グレーゾーンからの急激な事態の拡大、②邦人輸送・国民保護・避難民対処、③中国の核による恫喝と使用——の3つのシナリオを設定し、日本政府が取るべき対応が検証された。

シミュレーションのシナリオや議論を通じて明らかになった課題、政策提言を、「第2回 政策シミュレーション成果概要」（日本戦略フォーラム）から抜粋して紹介する。

＊シミュレーションの背景となる2027年頃までの状況［想定］等は末尾に収録

＊シミュレーションの形式は9大臣会合を模擬した机上演習（Table Top Exercise, TTX）形式とし、演習セルの構成は「日本セル」と「ホワイトセル（レスポンス役）」を設置、アクションは「日本セル」のみに実施させる一方統裁方式とした

シナリオ①　グレーゾーンからの急激な事態の拡大

【シナリオの概要と目的】

中国が明確な意図（最終的な台湾の武力統一）に基づき、南シナ海、東シナ海の軍事的緊張を高め、陽動作戦として尖閣諸島に対する現状変更を行う。並行して中国は、台湾の独立を志向する総統候補を非難する一方、中国に宥和的な国民党を支援する三戦を展開。日本の関心を尖閣事案対処に集中させたところで、台湾の政情不安回復を理由に台湾本島の封止を宣言し、偽旗作戦によって一気に台湾への斬首作戦を決行する。こうした状況における日本政府の情勢判断、対処方針、米国との調整、戦略的コミュニケーション（SC）等について検討させる。

【日本セルのレスポンス】

◉日本によって事態をエスカレーションさせないこと、事態が悪化したときは、まず国民の保護を優先して考え、防衛上の事態に対処することを基本方針とし、事態対処と外交交渉に当たることとされた。

◉中国は、尖閣諸島に対し、グレーゾーンで何らかの行為を仕掛けてくる可能性が指摘され、情報収集と警戒監視を強化した。高烈度事態への急激なエスカレーションも否定できないと見積もり、海上警備行動、治安出動、防衛出動など迅速に切り替えていくことが決まった。

◉自衛隊は武力攻撃事態への備えを固め、事態の悪化に備えて、情報収集の強化、物資の集積をすることとされた。

◉米軍から南シナ海への航行の自由作戦（ＦＯＮＯＰｓ）への参加を要望されたことについて、日本は東シナ海を重視し、南シナ海でのＦＯＮＯＰｓには参加しないが、他の方法で、米海軍に協力する方法を検討していくこととされた。

◉米国からの要望で日米外務防衛閣僚級会議（２＋２）を行い、米軍の事前展開等について協議を実施した。

◉日本からの要望で首脳会談を行った。事態様相は台湾有事と尖閣有事の複合事態と認識された。日米首脳共同声明の要点は、次のとおり。
・日本は、尖閣事案について武力攻撃事態と認定し、尖閣奪還に全力を挙げる。
・米国は、尖閣事態に安保条約５条を適用し、尖閣防衛にコミットする。米国は、尖閣に対する中国の武力攻撃は日本に対する武力攻撃と認識する。
・日本は、台湾事案について存立危機事態を認定し、合わせて米軍に対する後方支援を行う。
・日米両国は、台湾と尖閣諸島、先島諸島等を「共通の戦域」と認識し、軍事的に効果的な役割分担の詳細について詰めていく。

参加者及び担当役職

1　日本セル

役職	8月6日	8月7日
総理大臣	小野寺五典（衆議院議員）	
総務大臣 総務事務次官	和田義明（衆議院議員） 横浜信一（NTT　CISO 常務執行役員）	
国民保護担当大臣	（欠）	松川るい（参議院議員）
外務大臣	松川るい（参議院議員）	薗浦健太郎（衆議院議員）
財務大臣 財務事務次官	山下貴司（衆議院議員） 木村茂樹（元財務官僚、内閣審議官）	
経済産業大臣 経済産業事務次官	有村治子（参議院議員） 油木清明（戦略国際問題研究所（CSIS）シニアアソシエイト）	
国土交通大臣 国土交通事務次官	細野豪志（衆議院議員） 武藤　浩（元国土交通事務次官）	松川るい（参議院議員） 武藤　浩（元国土交通事務次官）
防衛大臣	大塚　拓（衆議院議員）	
内閣官房長官	木原　稔（衆議院議員）	
国家安全保障局長	兼原信克（元国家安全保障局次長）	
統合幕僚長	住田和明（元陸将）	
陸上幕僚長	高田克樹（元陸将）	
海上幕僚長	渡邊剛次郎（元海将）	
航空幕僚長	荒木淳一（元空将）	

2　ホワイトセル・調整ボード

セル長	髙見澤將林（元国家安全保障局次長）	
米国務長官	長島昭久（衆議院議員）	
米国防長官	（欠）	細野豪志（衆議院議員）
米国大統領（兼） 安全保障担当補佐官	ケビン・メア（元米国務省日本部長）	
中国担当	村井友秀（東京国際大学特命教授）	
台湾担当	渡邊金三（元陸将補）	
法制担当	中村　進（元海将補）	
沖縄県担当	又吉　進（元沖縄県知事公室長）	
メディア担当	有元隆志（月刊『正論』発行人）	
サイバー担当	大澤　淳（中曽根平和研究所主任研究員）	

3　統裁部

統裁部長	岩田清文（元陸上幕僚長）
統裁部副部長兼研究会進行・記録係長	武居智久（元海上幕僚長）
統裁部副部長 （兼）シナリオ統制	尾上定正（元空将）
シナリオ付与・タイムキーパー	内山哲也（元海将補）
全般管理	岩谷　要（元陸将） 武藤茂樹（元空将）
全般管理 （兼）オブザーバー担当	長野俊郎（JFSS 常務理事） 林　直人・元陸将（JFSS 理事） 西山淳一（JFSS 監事） 藤谷昌敏（JFSS 政策提言委員）
政治家担当 （兼）模擬記者会見内閣担当	本松敬史（元陸将）
メディア担当（演習記者会見含む）	清田安志（元陸将） 岡本兼一（元空将補）

・以上に基づいて、直ちに日米事務の同盟調整メカニズム（ACM）協議を開始する。

◉尖閣事態が悪化した場合、中国に先んじて日本が上陸する。そのために上陸作戦の準備にかかる。自衛隊の事前上陸作戦の準備には72時間かかるため、自衛隊が間に合わない事態も視野に入れておくこととされた。

◉海上保安庁法25条の制約から、事態悪化時には海保巡視船は使用せず、迅速に海自と交代させる必要が指摘された。

◉渡航の中止勧告を含めて、在外邦人の縮小を図っていく。あわせて、困難ではあるが、中国と台湾の日本企業、在留邦人の安全確保を図ることとされた。また、中国と台湾との流通が長期にわたって阻害される事態に備え、サプライチェーンの多角化を推進するとされた。

◉自衛隊の通信に制約があり、有事には優先した周波数割り当てが必要となるが、手続き上の問題が確認された。

◉事態様相に鑑み、自衛隊の南西諸島への展開が速やかに行えるように配慮することが決定された。自衛隊の迅速な機動展開に必要な各種法律の適用除外を可能にするため、防衛大臣から武力攻撃事態の即時認定の要望があった。適用除外には所管省庁の手続きが必要であり、その前提となる対処基本方針の閣議決定を行うことが優先との認識が国家安全保障局長から示され、速やかな基本方針の策定が指示された。

◉中国からと推定されるサイバー攻撃に対して、日本国内を含むサイバー防衛の米国の協力を認めることが決定された。

シナリオ②　邦人輸送・国民保護・避難民対処

【シナリオの概要と目的】

中国は、米国に台湾事態への介入を躊躇わせ、また日本の米軍支援を躊躇させるためグレーゾーンの段階からハイブリッド戦を仕掛ける。また、日本政府には、事態認定で可能となる自衛隊の行動が、中国の行動を更にエスカレートする恐れがあるとの想定を付与する。こうした状況での在外邦人の安全確保と事態認定のタイミング、民間輸送力の活用、米国等との共同、邦人輸送・国民保護と作戦準備の優先順位、限られた自衛隊の能力や避難民受入れ能力の限界等のジレンマを付与し、国家（政府）としての対応について検討させる。

【日本セルのレスポンス】

◉日本政府の中国と台湾に対する立場は従来の通りであることが確認された。（武力行使は1972年の日中共同声明が前提とした「台湾海峡の平和と安定、現状の維持」の前提を崩す行為である。）

◉国民の安全確保を最優先で実施する方針が総理から示された。また、武力攻撃事態となれば、中国や台湾の在留邦人の輸送が極めて厳しくなるとの判断から、事態認定のための情報収集は万全に行う方針が示された。（武力攻撃事態認定となれば、中国本土にいる邦人の保護が極めて難しくなるため。事態認定後は、邦人の第3国への移動について、速やかに行うように調整する方針が示された。）

●日米で台湾に関する立場をすり合わせ、情報の共有を強化することとされた。また、米国が台湾への防衛姿勢を明確にするよう、日本政府からアメリカの「曖昧政策」の変更を働きかけることが決まった。

●防衛省は、事態が急速に悪化する可能性が高いと見積もり、態勢を強化するため、国際緊急援助隊の待機解除、海外派遣部隊の帰国、輸送艦部隊の南西方面への展開を決めた。

●米国等の非戦闘員退避活動（NEO）と我が国の邦人輸送（TJNO）は共同で実施するが、自衛隊の輸送能力には限界があるため、日米が共同してできる範囲を調整していくこととされた。また、友好国の国民の輸送についても可能な範囲で実施し、米国から強く要望された米国輸送機の援護も同様とされた。（自衛隊は十分なアセットを割けないので、細部については日米で調整。）

●避難民の入国管理、検疫への便宜など、他国のNEOに関係する後方支援を強化する方向が決まった。

●経済を中心とする対中制裁の内容について、各国と協調して実施する。（金融制裁、個人への制裁、資産凍結、ハイテク機器の輸出管理などを、レアメタル等の禁輸などの可能性を考慮しつつ検討する。）

●台湾や先島諸島からの住民の輸送は、極力民航機（チャーター便を含む、中立国キャリアを活用）で行うこととされた。また、空自機の使用を調整していくこととされた。

●中国政府が、台湾海峡、バシー海峡、与那国海峡を軍事的に封鎖するとともに、海上臨時警戒区を設定し、すべての外国船舶の立ち入りを禁止したことから、南シナ海経由のエネルギー・ルートが使用できなくなると判断し、迂回航路の設定とシーレーン防衛によって、安定したエネルギー供給を図っていくことが決定された。

●上記について、我が国の民間輸送力の安全の確保を優先して実施することが決まった。（航空会社、船主協会、海員組合への配慮を忘れない。）

●また、化石燃料に代わる代替エネルギー輸入を調整していくこととされた。（電力会社のダメージを吸収するように国を挙げて実施する。）

●台湾国内の情報通信サービスが、サイバー攻撃と海底ケーブルの破壊によって混乱状態にあることから、成層圏プラットフォーム（ＨＡＰＳ）を運用し、台湾に対する通信支援を実施することとされた。

●台湾国内の情勢が急速に悪化したことを踏まえ、官邸に邦人輸送・避難民保護・

国民保護に関する特別室を、各省庁から人員の派遣を得て設置することが決まった。

●台湾と中国からの邦人の輸送への影響を考慮し、武力攻撃事態認定のための情報収集を厳格に実施した。その結果、尖閣諸島への不法上陸漁民が重火器武装する特殊部隊と確認するに至り、政府として武力攻撃事態を認定した。

●現在生起している事態は複合事態であるとの認識に基づき、武力攻撃事態（尖閣諸島、先島諸島）に加え、台湾有事に関連する存立危機事態の対処基本方針を作成し、速やかに国会に諮ることが決まった。また、我が国の決定が正当であることを示す情報を、世界に発信することが決まった。そのため、関係省庁から担当局長等を差し出し、内閣府にSC専門組織を立ち上げることとされた。

●自衛隊は、柔軟抑止選択肢（FDO）と作戦準備を兼ねて実施中の統合演習を終了し、速やかに防衛行動に移行することとされた。

●尖閣諸島や先島諸島の警備のため、本土から警察力を沖縄に投入すること、また、本土の原発など重要インフラへの攻撃の可能性が高いと判断し、警備を強化することとされた。

●G7などと調整の上、中国への経済制裁を実施することとされた。

◉先島諸島からの住民の避難先が石垣島と宮古島となっていたところ、沖縄以北、本州地域に拡大して実施することとされた。また、那覇空港の第2滑走路を米軍と自衛隊の展開に専用使用させるため、避難民輸送に使用する空港を沖縄以北を含め実施していくこととされた。

◉自衛隊の作戦区域を広く指定する方向が決まった(事態認定毎のモザイク的な区域指定、行動命令はしない方針)。指定地域が攻撃対象となる可能性から住民保護を考慮する。自衛隊は先島諸島の防衛に主眼を置き、部隊を増勢し、物資輸送の帰り便に余裕があれば国民保護を支援することとされた。

◉必要経費は国債発行をもって充て、予備費および緊急予算の手続きを検討することとされた。

◉世界に対して、メッセージ「事態をエスカレートしているのは中国、人命軽視は中国である」を日米共同で発信し、また中国の海上臨時警戒区の危険性についても、米国と協調して発信していくこととされた。

シナリオ③　中国の核による恫喝と使用

【シナリオの概要と目的】

中国は急速に戦略核兵器を増強し、核戦力の対米パリティをほぼ達成した。また、中距離以下の新型弾道ミサイルと巡航ミサイルの開発・配備を終え、対米優位を獲得したことにより、「エスカレーション抑止」の実効性を高めた。習近平は、台湾の独立を阻止するための武力行使を決定し、日本に対するプロパガンダ動画の配信等の三戦を強化する。中国は台湾を封鎖、偽旗作戦によって電撃的にミサイルの飽和攻撃を実施。また、米軍参戦の機先を制するため極小規模の核爆弾による攻撃で「エスカレーション抑止」(核恫喝、象徴的な核攻撃)を実行する。日本国内の世論は、台湾有事に巻込まれ核攻撃されることを回避すべきとする声と日米同盟を重視し毅然と対処すべきとする声で二分される。これに対する日米の抑止及び対処の方針を検討させる。特に、米国の拡大抑止の信頼性を高める実効的な措置、国内世論・国際社会に向けたSCのあり方を問う。

【日本セルのレスポンス】

◉中国の狙いは日米の分断であり、低出力核を用いたエスカレーション抑止を実施する可能性があると分析された。

◉情報収集の強化と並行して、急速に先島諸島の防衛を強化していくこととされた。

◉米国の中距離核戦力（INF）相当の核戦力の復活はできておらず、中距離以下の核バランスは中国優位の状態であること（戦略的には安定、戦術的には不安定）、並びに、台湾有事には米国が介入することから
・「米国の核の傘が台湾にもかかる」ことを認めるように米国に向けて要請していく
・核抑止の有効性について米政府に再確認していく
とされた。

◉米国政府に対して、曖昧政策を変更するように働きかけていく必要があることが確認された。日本政府は米国と足並みを揃えながら、台湾の現状維持を望むとのメッセージを、中国と台湾に対して発信することが方針とされた。

◉台湾の事態が悪化した場合の対応方針として、我が国への武力攻撃事態、台湾への存立危機事態を認定する準備を行う。（米政府は了解。）

◉沖縄担当大臣を沖縄県に常駐させるなど、内閣として（政府として）沖縄県人に寄り添う姿勢を示すことが確認された。

◉防衛省は、台湾有事が生起する場合に備え、自衛隊の態勢を強化していくことを

方針とした。

◉我が国領域が中国の海上臨時警戒区に含まれ、航行の自由が阻害される事態への対処基本方針は、以下のとおりとされた。

・中国の海上臨時警戒区に我が国の領域が含まれること、核の恫喝に類する外交部報道官の発言には、外交ルートより厳重に抗議する。

・中国政府の「非」を国際社会に積極的に発信する。

・尖閣諸島方面の情報収集体制を強化する。

・我が国防衛上の事態の早期察知と中国の違法行為の採証のため、艦艇や機雷で我が国の領域や国際水域が実際に封鎖されているかどうか確認する。

・米国の台湾防衛（6条事態）への支援として、大規模な米軍兵力の展開要請を受け入れ、関連する後方支援（特定公共施設の利用、宿泊、輸送など）は関係省庁が協力して実施する。

◉中国への経済制裁を各国と協調して実施することとされた。

◉他方で、中国の日系企業の安全確保を引き続き図る必要性が指摘され、台湾との商取引ができない状態が長期化する事態への対応を検討するとともに、事態の長期化に備え、海上交通路の安全、安定で安全な物流ができるように関係省庁が協力して対処することが決定された。

◉中国の彭佳嶼《ほうかしょ》（台湾本島の北東に位置する島）上空での核爆発については、

・核攻撃をさせない抑止力を強化していく。

・国民に対するSC実施を検討する。（核抑止が健全に機能していること、その一環としてアメリカの決意を示すデモンストレーション、例えばオハイオ級SSBNの日本寄港。）

・その根拠とするために、核爆発の汚染状況の調査（証拠の採集）を速やかに自衛隊等が実施する。

・非核三原則については、民主党政権時の岡田外相の見解を踏襲し、現政権としての判断を行うこととされ、総理に一任された。

◉核恫喝（核爆発）があった事実、違法な海上臨時警戒区の設定など、中国政府の「非」を国際社会に積極的に発信していく。偽情報に関する規制や正しい情報の発信を強化していくこととされた。

◉SCの一環として、政府の核恫喝に対する毅然とした姿勢と台湾有事に対する日米共同対処の方針について、総理会見が実施された。

政策提言事項の導出

2日間にわたる3つのシナリオ演習の結果、台湾海峡危機に対し日本が備えるにあたり検討すべき課題が多数抽出された。以下で、その主要な課題を順不同で列挙し、若干の解説と政策提言の一案を提示する。

【①事態認定とその手続きに係る課題】

改めて事態認定の重要性と難しさが、全シナリオを通じて浮彫りとなった。自衛隊の行動だけでなく、国民保護や経済制裁等の発動には、事態をどのように認定し、どの法的根拠に基づいて措置するかが対応方針の基本となる。その際、以下のようなジレンマがプレイヤーを悩ませた。

◉武力攻撃事態認定のための構成要件

尖閣に上陸した武装漁民の攻撃、海保・警察の死傷者の発生、臨時警戒区の設置や機雷敷設等が武力攻撃に当たるかどうか等で議論があった。判断に必要な情報収集能力の不足が指摘された。

◉武力攻撃事態認定と邦人退避措置のタイミング

総理は一貫して国民保護（在外邦人の安全）を最優先としたが、防衛大臣からは自衛隊の作戦準備等のため、一刻も早い武力攻撃事態認定を求めた。事態認定は閣議決定（公表）されるため、その時点から中国は敵と位置付けられ、在中国法人の退避・安全確保は困難となる。早期認定と退避時間の確保というジレンマに直面した。

●複合事態（尖閣防衛と台湾有事）における事態認定

尖閣防衛は武力攻撃事態、並行して生起した台湾有事は存立危機事態が認定された。事態認定の都度閣議が必要となり、先の認定の修正に閣議を要する場面があった。防衛出動、治安出動等の区域の指定と事態認定の関係についても、自衛隊の権限や民間能力の徴用に関連し、整理が必要となった。

●検討されなかった事態認定

今回のシミュレーションでは、緊急事態、武力攻撃予測事態の検討が為されなかった。また、治安出動と事態認定の関係についても議論は無かった。

政策提言①

情報が不足し急激に変化する状況に適時適切に対応するためには、上記の課題を克服する以下のような措置を検討する必要があろう。

◉各事態認定の現実的な要件の整理、認定に関する基本的な方針の確立

◉各事態と自衛隊の行動等の関係の整理、要すれば対応措置の適時性・的確性を向上させるための事態と行動の関係の簡明化（法改正を含む）

◉事態認定や対処基本方針等の事態対処に係る閣議決定の迅速化

【②国民保護等の法制および体制に係る課題】

在外邦人の避難・安全確保、作戦地域の国民保護、台湾からの退避外国人・避難民の受入れに関し、法的・体制的な不備が明らかとなった。

◉国民保護法制（2004年）には、存立危機事態の規定がない

そのため、武力攻撃事態が認定されるまで、国民保護措置が実施できなかった。現実的には、武力攻撃事態認定前の作戦準備段階において作戦地域住民の退避が必要であり、自衛隊の輸送能力の活用等も可能。武力攻撃事態となれば、自衛隊は防衛作戦に集中するため、国民保護に割ける余力はほとんどない。

◉在外邦人輸送の際に国際共同するための要件の不備

先の自衛隊法改正では、依然として日本と直接関係のない外国人の輸送ができ

ないため、台湾からの非戦闘員退避（NEO）を関係国と共同実施する際に支障を来した。また、米軍と共同する際に、米軍輸送機・輸送艦の自衛隊による護衛を求められたが、武器等防護は「戦闘が行われている」地域を除く必要がある。これら多国間の作戦調整を実施する枠組み、手続きが存在していない。

●現実的な計画の未整備及び輸送や受入れに必要な能力の不足

地方自治体の国民保護計画を超えて必要となる国の広域避難計画が無く、「沖縄県民の大規模疎開は非現実的」（沖縄県担当又吉進氏）という声に対応する国民保護の在り方が必要とされた（シェルターの普及など）。また、労働組合等を説得し、民間航空・船舶による輸送を確保する必要性が指摘された。避難民等の受入れのためのスクリーニング機能、宿泊施設等の確保が求められた。

政策提言②

在外邦人の安全確保、国民保護は事態対処において最も優先すべき措置であろう。政府だけでなく地方自治体や地域住民の理解と行動が重要であることを踏まえ、速やかに以下の対応を検討する必要がある。

●現実的なシナリオに基づく各種所要の見積もりの実施

台湾海峡危機の様相に応じた邦人輸送、国民保護等の所要を事態の推移に応じて見積もり（地域住民の意向調査を含む）、各種計画策定の基礎データとして整備

◉日米共同・多国間協力によるNEOの調整要領と計画の作成関係国のNEO計画や輸送能力のすり合わせを実施し、予め共同計画案を策定しておくことが必要

◉民間輸送力や宿泊施設、特定公共施設の利用に関する措置

事態の緊張の程度（外務省による渡航注意レベル）に応じた民間輸送力等の借上げ契約の締結、政府と特定公共施設管理者との間の協定の締結等の具体化

◉上記を踏まえた関係法令等の解釈の確立（要すれば改正）

現行法に基づき可能な対応（法的制約）を明確にし、状況に即した適時適切な政策判断を実施

【③自衛隊の能力等に係る課題】

今回の政策シミュレーションでは、自衛隊の作戦行動能力については検証されなかったが、武力攻撃事態以前のグレーゾーンにおける対処（海保との役割分担等）、作戦準備に必要な措置、輸送力の不足、国内重要インフラの警備・防護強化の必要等が指

摘された。

◉尖閣諸島警備・防衛に関する自衛隊と海保の連携

海保の能力を超える状況（死傷者の発生など）が生起し、海自に海警行動または防衛出動が下令され、防衛大臣からは海保による自衛隊の補完が要求される一方、国交大臣からは海保の想定外の任務として作戦海域からの離脱を要求された。また、上陸した武装漁民の逮捕・制圧、あるいは先行上陸についての議論があった。

◉防衛出動下令前には自衛隊・米軍の作戦準備の促進が困難

自衛隊の南西諸島への迅速な展開には道路法等各種法令の適用除外が必要だが、防衛出動下令前の適用除外はできない。用地の取得に関しても同様であり、米軍の展開場所に関しては駐留軍用地特措法の適用が必要であるが、過去に前例が無く、手続きも未整備との指摘があった。

◉邦人輸送の際の自衛隊の航空輸送力、空港の安全確保能力の不足

空幕長から空自輸送機の全力を投入すると1回で1500人の空輸が可能だが、作戦準備所要との関係で投入時期は自衛隊による判断が必要との指摘があった。陸幕長から、米軍のアフガン撤退作戦時には6000人の兵士が空港の安全確保等に投入された事例紹介があり、同様の作戦を陸自が実施することは困難との指

摘があった。

◉海底ケーブル、電力等重要インフラ防護及び国内治安維持の強化

尖閣や台湾での緊張の高まりとともに国内でも爆破テロやサイバー攻撃による被害が拡大する状況を受け、重要インフラの警備強化、サイバー攻撃対処の専門組織の立ち上げ、国内在住中国人の行動監視等の必要が指摘された。

政策提言③

台湾海峡危機・尖閣有事に対応する自衛隊、海保の能力強化はもとより、その連携要領を明確にし、関係法令を改善する必要がある。また、重要インフラ防護や治安維持の体制整備を急ぐ必要がある。

◉現行の自衛隊法と海保法を前提とした事態対処の連携要領の明確化

防衛出動下令時の防衛大臣による海保の統制は、海保の警察機関としての編装備・練成訓練・対処基準を前提に、作戦海域における混在回避、他海域における海自の警戒監視任務の海保による代行など、現実的な対応を検討

◉作戦準備に必要な適用除外の実効性を高める措置の検討

防衛出動待機命令の活用、適用除外の必要性・妥当性の見直し、平時から実施

可能な措置の洗出しなど

●尖閣防衛・台湾有事に必要な自衛隊の能力向上

現実的なシミュレーションによる所要能力の積算と優先順位等を明確にした迅速な防衛力整備、所要の防衛予算の確保

【④米国等との共同対処に係る課題】

日米共同に関しては2+2や首脳会談を積極的に開催し、意思疎通が図られたが、事態対応に関する基本的な方針で一部齟齬が見られた。

●米国は台湾防衛重視の一方、日本は尖閣防衛・国民保護を優先

米国は、尖閣5条事態へのコミット、拡大抑止の実行等、日本に対し明確に方針を提示したが、台湾防衛の曖昧政策の変更や台湾への核抑止の提供については明言せず。逆に日本に対し、米軍部隊の事前展開、NEO作戦での護衛・施設提供、台湾防衛作戦支援を要求。また拡大抑止の証明として弾道ミサイル潜水艦(SSBN)の寄港を提案。日本は、事前展開、SSBNの寄港については明確には回答せず。

●武力攻撃事態認定に関し、米側の事前承諾は得られず

日本側の得た情報に基づき事態認定することに米側の承諾を得ようとしたが、米側は情報未確認を理由に原則論（日本の判断を尊重）に終始。

●台湾からの非戦闘員退避に関する日米共同・多国間協力の調整

前出

政策提言④

首脳レベルから事務レベルの同盟調整メカニズム（ACM）まで、既存の調整機能が活かされたが、以下の項目について平素から共同要領を具体化しておくことが必要。

●台湾海峡危機における日米共同対処（グレーゾーン、準備段階を含む）

●日本の事態認定に応じた日米の行動基準・交戦規定（ROE）

●台湾及び有志国とのNEOの調整枠組み・協力要領

【⑤核の拡大抑止に係る課題】

非常に機微なテーマにも拘わらず、真摯かつ真剣な議論が行われた。シナリオの制約も有り、危機が始まってからの議論となったため、SSBNの寄港の他には拡大抑止の実行性を高める方策についての検討が乏しかった。

●米国からの部隊展開（通常作戦及び核抑止の両方）の受入れ

地元や世論の反対に対する対策が十分議論されず、受入れの決心が曖昧になった。

●拡大抑止の信頼性を高める方策についての具体的な日本側からの要望

中国の核使用・核恫喝に対する非難と日本に対する拡大抑止の決意表明を求めることに留まった。例えば、米国の報復を確証させるための戦略部隊によるデモンストレーション実施の要求などは無かった。

●中国による世論戦への対抗、分裂する世論への説得工作等

議論にはなったが具体的に踏み込んだ措置には至らなかった。

政策提言⑤

核の拡大抑止の信頼性を高めることは、中ロ等の「エスカレーション抑止」に対抗する上で喫緊の課題である。今回のシミュレーション参加者には十分その認識が共有されたものと思われる。その上で、さらに以下の措置を検討する必要がある。

●政治家、政策担当者、国民一般の核に関する理解の促進

政策決定に係る者の専門知識の習得と理解の深化は、米国との協議・交渉を進

める上で不可欠。また、心理戦の要素が強い核恫喝への対抗には政府方針に対する国民の信頼と支持が重要。あらゆる機会を通じて、理解の促進を図ることが必要（今回のシミュレーションの目的の1つ）

●日米の拡大抑止協議の拡充

拡大抑止の信頼性を担保するため、平素から定期的に米国の「核の傘」の具体的手段、作戦計画、待機態勢等を確認し、要すれば日本への部隊展開について時期、規模、装備等を確認しておく必要。また、報復攻撃について実施の条件、目標、手段を確認し、経費や責任の分担について合意しておくことが望ましい。事務レベルの協議と合意を首脳レベルで承認するプロセスを検討する必要

●「核の敷居」を高める努力

唯一の被爆国として総理から核使用に対する強い非難が国際社会に対して訴えられた。また、米中の信頼醸成を促す意見や中国の反日ナショナリズムを押さえ、核使用の非人道性・不利益を訴える必要が指摘された。いずれも重要な指摘であり、現実に実行することが重要

【⑥戦略的コミュニケーションに係る課題】

シナリオ全体を通じて戦略的コミュニケーションの重要性が指摘され、官邸に臨時の専門組織の設置、日米タスクフォースの設置、偽情報判別のためのスパコン利用、避難民等へのスマホ貸与によるＳＮＳへの発信依頼、中国国民へのメッセージ発信等、様々な措置が議論された。いずれも現状実施されていない措置であり、危機時に泥縄式の対応とならないよう、今からでも準備を進める必要がある。また、オブザーバーの１人から以下の指摘があった。

●戦略的コミュニケーションの具体論の不足

例えば、インフルエンサーを活用するにも、政府が特定のメッセージの発信を依頼するのは困難であり、どのように「活用」するのかは慎重かつ踏み込んだ議論が必要。また、政府の方針に批判的な「逆戦略的コミュニケーション」も拡散するなかで有効な議論を拡散させるのは容易ではない。さらに、英語空間における日本の発信能力は極めて限られており、この点はより具体的かつ本格的な議論が必要（尖閣国有化を「nationalization」と訳した悪影響の教訓）。

●核問題の対応

総理役のプレゼンテーションのあり方は戦略的コミュニケーションの基本を現

示。今回実施されたノウハウを他の政治家、政策担当者、専門家等にシェアする必要。

政策提言⑥

戦略的コミュニケーションは中国が重視する「認知戦」のカギとなる。政府としての組織的な対応のみならず、国民の高い「リテラシー」が求められる重要課題であり、シミュレーションで議論された各種の措置を速やかに実現する具体策が必要である。加えて以下の政策が検討に値する。

●戦略的コミュニケーション担当専門組織・官の常設
●機微情報の公表に関する基準や手順の整備
●サイバー空間／SNSの状況把握の常続的な実施
　法令で禁止されている「通信傍受」ではなく、日本国民のプライバシーを守りつつサイバー空間／SNSの秩序と安全を確保する、国家としての体制の整備。不正アクセス禁止法の改正
●政府及び国民の「SCリテラシー」の向上
　経産大臣から「サボタージュ」という言葉を使うべきでないとの指摘があった

ように、また、総理会見で示されたような、日本が発信するナラティブの質を高める専門知識・技能の育成。国民一般の啓蒙

【⑦経済制裁等の非軍事的手段による対応の課題】

中国の非軍事的手段による攻撃への対処と日本が採る経済制裁等の措置について活発な議論があり、以下の課題が認識された。

◉中国の人質外交や経済的手段による圧力への対応

在中国法人・企業の安全確保、代替サプライチェーンへの移行、中小企業対策、迂回等による海上輸送路の確保等の問題が経産大臣から繰り返し提起されたが、具体的な解決策は示されなかった。

◉日本が採り得る措置とG7／EUとの共同

財務大臣から金融制裁、資産凍結、禁輸措置等の提案があったが、G7／EUとの共同歩調が大前提とされ、具体的な実施時期、発動条件等についての踏み込んだ検討は為されなかった。

政策提言⑦

非軍事的手段の攻防は経済安全保障の核心であり、平素から戦略的自律性と戦略的不可欠性の強化を進める必要がある。一方で、有事に国・政府が採れる措置は限定的であるため、以下の検討が必要である。

◉企業による中国関連リスクの把握と危機管理の準備

武力攻撃事態認定以降は、在中国邦人企業の資産や在留邦人の安全を守るための手段を国・政府はほとんど有さない。この現実を経済界・企業経営者に周知し、予めリスクの分散と低減を図ることを慫慂

◉米国およびG7等同志国との対中経済安保戦略対話の推進

ウクライナ戦争におけるロシアへの経済制裁を参考に、ロシアより遥かに経済規模が大きく相互依存関係の深い中国に対し、どのような非軍事的手段による措置が可能か、手段、時期、規模、発動条件等について具体的に踏み込んだ協議を実施し、戦略の整合を図ることが必要

【⑧台湾との関係に係る課題】

シミュレーションでは、日中共同声明の前提が「平和的解決」であり、中国が武力行使をした時点で、「一つの中国」の原則は無効との認識が共有された。その認識に基

づき、以下のような措置が提起された。
◉台湾政府への「現状維持」の努力要請
◉海底ケーブル遮断等により孤立する台湾への通信手段の提供
◉日米台コミュニケーションのための民間企業連携による緊急対策チーム
◉日台の秘匿連絡体制の確立（ＭＯＵの締結）

政策提言⑧

今回はあまり議論にならなかったが、日本が台湾防衛のために米国と一緒に戦うかどうかという選択を迫られた場合（特に核の恫喝が行われた場合）、政治がどのような発信・決断を行うかは重要な論点となる。政府として「台湾」の未承認国家としての位置づけを明確にし、平素から静かに台湾との実務関係を太くかつ重層的に構築していく必要がある。同時に、日本にとっての「台湾防衛」の死活的重要性に関する国民の理解を浸透させることが求められている。台湾との関係に関する政策提言は以下のとおり。

◉台湾と日米の意思疎通の枠組み、手段の強化
日中共同声明に基づく「一つの中国」政策の維持とその前提が崩れる場合の台

湾政府との関係構築というジレンマを克服し、危機に至る前に、所要の合意や各種手段の構築が必要

◉邦人輸送、避難民対応に関する具体的な協議

大使館不在の中、在台湾邦人の待避に関する責任の所在や能力の整備に関する具体的な検討が必要。また、台湾からの避難民受入れに関する基本方針の策定が必要。これらを踏まえ、台湾政府との擦り合わせを行うことが必要

背景【2027年頃までの状況（想定）】

①日本

◉与党（自公政権）は2022年7月の参議院選挙に勝利し、岸田内閣は衆参国会で過半数を維持した。ウクライナ戦争を踏まえ、2022年末に国家安全保障戦略が改訂、国家防衛戦略が作成され、防衛予算が増額されたものの、国内世論は、専守防衛や非核三原則の遵守を主張するリベラル派と憲法改正を主張する保守派に大きく分かれている。2025年の衆参ダブル選挙で与党は僅差で勝利したが、国内情勢に大きな変化は見られない。

◉コロナ禍は一定以下に収束し、海外渡航や経済・社会活動の制限はすべて解除されたが、ウクライナ戦争によるサプライチェーンの混乱、不安定な為替相場と円安の進行により、日本経済は低迷。効果的な経済対策を打てない政権に対する国民や経済界の不満が高まり、政権与党への支持率は低下する傾向が続いている。

◉ウクライナ戦争におけるサイバー戦の教訓を重視した日本政府は、サイバー防衛の体制を大幅に見直し、内閣官房に総理直属の内閣サイバーセキュリティ局を設置した。従来の内閣サイバーセキュリティセンター（NISC）・デジタル庁・各省にまたがるサイバーセキュリティ関係の権限を集約し、重要インフラ等のサイバー攻撃に対処する技術的実働チームの組成を行い、サイバー防衛態勢を強化しつつある。

◉防衛面では、日米2＋2共同声明に基づき、宇宙・サイバー・電磁波を含む多次元領域の同盟協力の枠組みが強化されつつある。自衛隊に、宇宙作戦群、サイバー作戦群、電磁作戦群が設立され、多次元領域の戦略支援能力強化に向け、米国の協力を受けて新領域防衛力の整備が進められている。宇宙領域では、宇宙領域の常時監視体制、日本版コンステレーション衛星、有事の妨害能力が構築されつつある。サイバー領域では、サイバー空間偵察能力、有事の妨害能力が整備途上にある。

あり、サイバー空間状況把握センターの設立、サイバー作戦部隊（ハンティング・フォワードチームを含む）が組成されている。

◉防衛力整備は、財源の制約を受けつつ漸増する防衛予算によって装備の近代化や弾薬・部品等の継戦能力が改善したものの、抜本的な輸送力の強化や施設の抗堪化等は、進んでいない。

②朝鮮半島
◉北朝鮮は2021年1月の党大会で発表した核抑止力の強化目標が達成されたと2026年に公表、極超音速滑空弾、核弾頭の小型化・多弾頭化、固体燃料推進ICBM、潜水艦発射弾道ミサイル等を実戦配備していると見られる。2022年に実施された第7回核実験は、第6回（2017年9月）の出力160キロトン（広島型原爆の約10倍）には及ばなかったが、実用化の最終確認と見られている。

◉北朝鮮の経済は悪化を続け、コロナ禍、制裁、災害の3重苦によって体制維持の危機が懸念される状況に至っている。

◉韓国は文在寅大統領の後を受け、尹錫悦（ユンソクヨル）大統領が就任し、米韓同盟重視、日韓関係改善を志向したが、議会のねじれと国内世論の分裂のため大胆な政策を打ち出すことができず、大きな成果は上げられなかった。２０２７年の大統領選挙は、北朝鮮支援を掲げる進歩系野党候補が僅差で勝利した。

③アメリカ

◉米国は、ウクライナ戦争を踏まえロシアを当面の脅威、中国を優先的に対応すべき脅威と位置づける国防戦略を公表したが、国防予算の制約のため対中軍事バランスの回復は遅れている。陸軍は中距離極超音速兵器（ＬＲＨＭ）の開発を完了し、グアム島等への配備を開始した。

◉２０２２年の中間選挙では共和党が上院の過半数を取り戻し、バイデン政権はレームダック化した。これに危機感を持った民主党は、２０２４年大統領選挙に向けて挙党体制を強化し、目覚ましい進出を見せた若手候補Ｙ議員が大統領選を制し、政権維持に成功した。共和党はトランプ前大統領支持派と反対派が分裂したまま統一候補の擁立に失敗、敗北となった。同時に行われた上下院選挙でも民主党が多数派を取り戻し、２０２６年の中間選挙でも民主党が多数派を維持している。

◉米国内の分断と対立はさらに深刻化している。ＧＡＦＡ等の巨大企業が持つ影響力は益々強まり、政府の政策決定や中国との競争戦略を大きく左右する存在となっている。

●ウクライナ戦争の結果、米国の同盟国の間には、プーチンの核の恫喝（Escalate to De-escalate）戦略が米国の軍事介入を抑制したという認識が広がり、中国が同様の戦略を取った場合の米国の拡大抑止の信頼性に対する不安が拡散した。米国は同盟国に対する拡大抑止の再保証を宣言したが、実効的な措置に乏しいとの批判がある。

④その他の地域

●欧州では、ウクライナ戦争の結果、ロシアとベラルーシがウクライナを挟んでNATO（フィンランド及びスウェーデンが加盟）と対峙する構造となった。ロシアは、プーチン大統領の病状悪化を理由に政権が交代し、ウクライナとの停戦を実現した。停戦を受け欧米は経済制裁等を徐々に緩和したため、ロシアは経済破綻を辛うじて回避したが、社会生活は困窮、中国との貿易や支援によって辛うじて国家の統治機能を維持している状態である。

●ロシア軍は、ウクライナ戦争で通常戦力の壊滅的な損耗を出した一方、核戦力は維持しており、NATOと対峙しないオホーツク海の第2撃報復能力（SSBN／SLBM）の確保のため、東部軍管区の態勢強化を図っている。

◉中東では、イランの核開発に関する再合意が成されず、イランは核開発を加速。これに対するイスラエルの先制攻撃の可能性が高まったが、米国の新大統領の新たなイニシアティブによって2026年に合意が成立した。

◉2022年5月に誕生した豪州の労働党アルバニージ政権は、自由党・国民党モリソン政権の「反中」姿勢から中国との経済関係を重視する「親中」姿勢に転換、日米豪印クアッドやAUKUS（オーカス）の実効性に翳りが見える。但し、豪州軍との関係は良好である。

背景【2027年シナリオ開始時の状況（想定）】

①台湾海峡

◉アメリカや欧州は、新疆ウイグル自治区の人権問題を「ジェノサイド」と認定し、ロシアのウクライナ市民虐殺と合わせて、中国を強く非難。一方、ゼロ・コロナ政策に執着し、都市封鎖を実施したにもかかわらず中国全域に感染が蔓延した習近平の権威は大きく失墜し、低迷する経済状況とも合わせ、市民の習政権に対する不満がかつてないほど高まった。習近平は第20回中国共産党全国代表大会（2022年）で、3期目となる党総書記にかろうじて選出されたが、異例の3期目に対して党内での根強い批判があり、党内の基盤は盤石ではない。

ウクライナ戦争におけるロシアの失態を見た習主席は「シン韜光養晦《とうこうようかい》」を基本に、双循環政策や共同富裕政策を進めたものの成果は乏しく、むしろ国内では貧富の差が拡大、大学新卒業者を含む高い失業率で経済成長は一層鈍化している。さらに国内経済への統制強化、労働人口の減少傾向と高賃金化によって外国企業が製造拠点を国外に移転する動きが継続し、国内の経済状態は急速に不確実性を増している。歴史に名を遺すため4期目を目指す習近平には、自己が掲げた「中華民族の偉大なる復興」を実現したといえる成果が必要となっている。

◉2024年の台湾総統選挙は、安定した政権運営を行った蔡英文総統の成果を受け、蔡政権の現状維持政策踏襲を掲げる民主進歩党A候補が勝利した。3期連続で政権を取れなかった国民党は、中国との融和政策に大きく舵を切り、民進党との違いを明確にして2028年の総統選への準備を推進、同党のB候補に一定の支持が広がっている。その一方で、既存政党に飽き足らないグループが第3の政治勢力を結集し「臺灣獨立新党（独立党）」を結成し、台湾独立を全面に打ち出した C 候補を擁立、若者層を中心に支持を急激に拡大している。

◉２０２７年、習近平は台湾総統選挙を国内の政権基盤を安定させる好機と捉え、政治、経済、軍事などあらゆる分野で台湾に対する圧力を強め始めた。

②南シナ海の危機発生

◉２０２７年7月、中国は南シナ海のスプラトリー諸島パローラ島の北東沖合約１００キロの国際水域に海警法に基づく海上臨時警戒区を設定し、統合軍事演習とミサイル実射試験を実施。フィリピンは、フィリピン領であるパローラ島沖合での中国による軍事演習やミサイル発射実験は、フィリピンの主権を侵害する行為で国際仲裁裁判所の裁定違反であり、演習中止を中国に要求したが、中国は演習を強行。演習終了後は、中国海軍の船舶等に替わって中国海警局の公船数隻と数百隻の中国漁船が付近の海域で操業。

◉7月22日、中国漁船の一部から武装した漁民が、フィリピンが実効支配するパグアサ島に上陸し、駐留している比沿岸警備隊が武器を使用して、これを強制排除。海上では比海軍の哨戒艦と中国海警船舶との間で銃撃戦が発生、双方に死傷者が出る事態となった。

◉中国とフィリピン双方が相手の不法行動が自国民を危険に曝す事態を招いたと非難を繰り返したが、TikTok（ティックトック）やYouTube（ユーチューブ）などで、中国の漁民がフィリピンの警備隊から発砲され死傷する様子やフィリピン海軍哨戒艦の砲撃を中国海警船が撮影した動画が複数流され、フィリピンの対応を非難する国際世論が急速に形成された。中国は「本案件は中比2国間で処理されるべき案件であり、如何なる第3国の介入も認められない」とした上で、周辺の漁民の保護、自国領の保全の為に中国海軍フリゲート艦4隻を同地域に派遣したと発表。その後事態は膠着している。

岩田 清文（いわた・きよふみ）
1957年生まれ。元陸将、陸上幕僚長。防衛大学校（電気工学）を卒業後、79年に陸上自衛隊に入隊。戦車部隊勤務などを経て、米陸軍指揮幕僚大学（カンザス州）にて学ぶ。第71戦車連隊長、陸上幕僚監部人事部長、第7師団長、統合幕僚副長、北部方面総監などを経て2013年に第34代陸上幕僚長に就任。2016年に退官。著書に『中国、日本侵攻のリアル』（飛鳥新社）、共著に『自衛隊最高幹部が語る令和の国防』（新潮新書）など。

武居 智久（たけい・ともひさ）
1957年生まれ。元海将、海上幕僚長。防衛大学校（電気工学）を卒業後、79年に海上自衛隊入隊。筑波大学大学院地域研究研究科修了（地域研究学修士）、米国海軍大学指揮課程卒。海上幕僚監部防衛部長、大湊地方総監、海上幕僚副長、横須賀地方総監を経て、2014年に第32代海上幕僚長に就任。2016年に退官。2017年、米国海軍大学教授兼米国海軍作戦部長特別インターナショナルフェロー。現在、三波工業株式会社特別顧問。翻訳に『中国海軍VS.海上自衛隊』（ビジネス社）など。

尾上 定正（おうえ・さだまさ）
1959年生まれ。元空将、航空自衛隊補給本部長。防衛大学校（管理学専攻）を卒業後、82年に航空自衛隊入隊。ハーバード大学ケネディ行政大学院修士。米国防総合大学・国家戦略修士。統合幕僚監部防衛計画部長、航空自衛隊幹部学校長、北部航空方面隊司令官、航空自衛隊補給本部長などを歴任し、2017年に退官。2019年7月～21年6月、ハーバード大学アジアセンター上席フェロー。現在、API（アジア・パシフィック・イニシアティブ）シニアフェロー。著書に『台湾有事と日本の安全保障』（共著、ワニブックスPLUS新書）など。

兼原 信克（かねはら・のぶかつ）
1959年生まれ。同志社大学特別客員教授。東京大学法学部を卒業後、81年に外務省に入省。フランス国立行政学院（ENA）で研修の後、ブリュッセル、ニューヨーク、ワシントン、ソウルなどで在外勤務。2012年、外務省国際法局長から内閣官房副長官補（外政担当）に転じる。2014年から新設の国家安全保障局次長も兼務。2019年に退官。著書に『歴史の教訓』（新潮新書）、『日本の対中大戦略』（PHP新書）など。

君たち、中国に勝てるのか
自衛隊最高幹部が語る日米同盟VS.中国

令和５年１月15日　第１刷発行
令和５年３月 １ 日　第３刷発行

著　　者　岩田清文　武居智久　尾上定正　兼原信克
発 行 者　皆川豪志
発 行 所　株式会社産経新聞出版
〒100-8077 東京都千代田区大手町1-7-2 産経新聞社８階
電話　03-3242-9930　FAX　03-3243-0573
発　　売　日本工業新聞社　電話　03-3243-0571（書籍営業）
印刷・製本　株式会社シナノ
電話　03-5911-3355

ISBN 978-4-8191--1421-9